生活的坑，都是自己挖的。

守得住欲望，抵得过诱惑。

人生只有一个敌人，那就是自己。

吸引力法则。

别让坏情绪“绑架”了你。

打败你心中的“魔鬼”。

战胜了自己，也就战胜了世界。

懂得该做什么，不该做什么。

管得住自己 成得了大事

成功人士都在用的正能量自控术

彭博◎著

天津出版传媒集团
天津人民出版社

图书在版编目（CIP）数据

管得住自己成得了大事 / 彭博著. -- 天津：天津人民出版社，2016.6
ISBN 978-7-201-10261-0

Ⅰ. ①管… Ⅱ. ①彭… Ⅲ. ①成功心理 - 通俗读物
Ⅳ. ① B848.4-49

中国版本图书馆 CIP 数据核字（2016）第 075619 号

管得住自己　成得了大事

GUANDEZHU ZIJI CHENGDELIAO DASHI

出　　版　天津人民出版社
出 版 人　黄　沛
地　　址　天津市和平区西康路35号康岳大厦
邮政编码　300051
邮购电话　（022）23332469
网　　址　http://www.tjrmcbs.com
电子信箱　tjrmcbs@126.com

责任编辑　刘子伯
选题策划　李世正 杨佳怡
内文绘图　陈双双
封面设计　尚书堂

制版印刷　北京市艺辉印刷有限公司
经　　销　新华书店
开　　本　880×1230毫米　1/32
印　　张　8.5
插　　页　8插页
字　　数　160千字
版次印次　2016年6月第1版　2018年8月第2次印刷
定　　价　35.00元

前言
PREFACE

当你看到美元钞票上的华盛顿头像时，看着他白色卷发下面那平静、自信的面孔，你能想象得到他年轻时有一头红发，有火爆的脾气吗？如果他没有极强的自律精神，没有学会自我控制，改掉不良习惯，恐怕就无法成为叱咤风云的政治人物，也难以成为美国首任总统。

当你看到百度公司几十年来依然稳扎稳打，立足于自己的本行时，你能想象得到其创始人李彦宏是如何做到业务不扩张的吗？如果他不能谨记大学导师的告诫："人生有涯，而物欲无涯，真正的理想在于有所追求，更在于有所节制"，恐怕百度不会成就今天如此强大的"搜索帝国"。

当你欣赏高山滑雪比赛时，冠军的成绩是1分37秒22，亚军的成绩是1分37秒25时，你是否会想到这样的毫厘之差与选手的自控力有关？也许冠军在比赛中多了一点点专注，在弯道时多了一点对身体的控制；也许冠军在平日里多了一点点练习，曾经多戒除了一个不利于滑雪的坏习惯。这样，他的比赛用时就少了一点点，而这一点点时间足以让他脱颖而出，笑傲群雄。

你是否也有一些坏习惯？拖延、放纵、懒惰、坏脾气、没毅力……人是一种欲望与理智并存的动物，欲望与理智各占50%。欲望驱使着你去追求眼前的快乐，驱使着你去“干想干的事”，可理智又告诉你“长远的好处是什么”，告诉你“什么是应该干的，什么是不应该干的”。于是，欲望与理智就构成了你灵魂深处永恒的矛盾冲突。

每个人都渴望成功，毋庸多言，成功的道路上必定有挫折、失败、痛苦，必须要承受得住孤独、委屈、磨难，这就要求你拥有强大的自控力，能管得住自己。人生路上，自控力是什么？当你面对恐惧的悬崖时，它是你的安全屏障；当你处于诱惑的漩涡时，它是你的中流砥柱。

有人曾说：“能支配自己精神的人，比攻取一个城市的人还要伟大。”支配自己的精神，即拥有强大的自控力，它能迫使你勇敢地去执行理智的决定，能够控制那些不利于实现当前目标的心理障碍，如恐惧、懒惰、暴怒、烦忧，等等，不做与目标无关的事，不说不利于目标达成的话。

著名心理学家弗洛伊德说过：“人们做任何事情，不是为了追求快乐，便是为了避开痛苦。”这是人类一切行为的终极推动力。自控力就是正确地运用“快乐”和“痛苦”这两股力量的能力，运用恰当你就能克服自己的不良情绪，避开人性的弱点，坚定自己的意志，追求你所梦想的人生。

所以，人生的快乐，在于克制自己。战胜了自己，也就战胜了世界。

目 录

CONTENTS

为什么有的人比你成功一百倍一千倍？难道他们比你聪明一百倍一千倍吗？当然不是，其实人与人的智商程度都差不多，而仅有的差距在于智商之外的自控力。成功者与失败者的最大差别，就在于成功者管得住自己，包括管得住时间、思想、内心、行为，等等；而失败者不断地迁就、放任自己，久而久之养成了一些不良的习惯，最终离成功越来越远。

第二章 管得住自己，从设定一个目标开始

目标是前进的方向，是坚持的力量。没有目标，就像航行的船只没有方向，小小的波浪就能改变其航向。没有目标，就很容易朝三暮四，只要出现新鲜的、有诱惑的事物，就会产生好奇，就会想去尝试，往往无法坚定地沿着一条路走下去，如此一来，怎么能成功呢？

第三章 了解人性的弱点，你的世界将从这一刻改变

人性有很多弱点，比如爱慕虚荣、嫉妒他人、做事无法坚持、爱拖拉、爱犹豫、贪便宜、自私、狭隘、过分好奇、恐惧，等等，这些都不是什么错，只需要正确认识它们，并适当地加以控制。对待生活，我们需要有更多的耐心和期待。对待弱点，我们应该有正确的心态和自控力，绝不放纵人性的弱点，而是将它们控制在一定的范围内，远离其害。

第四章 你追求的是什么，就会吸引什么

每个人对自己所追求的事物都会充满兴趣和干劲儿，当我们在做这件事的时候，很容易投入精力，变得专注；而与之不相关的事物，将会被我们排除在意念之外，拒绝受其影响。如果我们追求自控的力量，那么与自控相关的元素就会被吸引过来，聚集在我们身上，达成特有的效果。

第五章 控制好情绪，你才能跳出自己的“掌心”

情绪仿佛是生命的河流，蜿蜒曲折地流经我们的一生。如果你和情绪做朋友，情绪的河流就是清澈的、活泼的、欢快的；如果你和情绪做敌人，情绪的河流就是浑浊的、沉郁的、狂躁的。希望自己的人生如清澈的溪流，欢快地流淌，你就一定要做情绪的主人，戒骄戒躁，保持平和；跳出“掌心”，天高任鸟飞，海空凭鱼跃。

第六章 性格透视：怎样才能管住你自己

世上没有绝对的强者，也没有绝对的弱者。强者之所以成为强者，弱者之所以成为弱者，最大的差别在于他们的性格不同。强者的性格中包含了坚强、忍耐、自控；弱者的性格中却只有脆弱、暴躁、放纵。如果你想提升自控力，最行之有效的方法就是修炼坚强、忍耐、自控的性格，不再做懦弱性格的奴隶。

第七章 管得住意志，戒得了心理依赖症

一个缺乏自控力的人，面对周遭，往往会产生依赖感，这种依赖感是一种强烈的“离不开”的无力感。而事实上，并非真的离不开，只是意志力薄弱，无法自控，一次次地放任自己，最终形成依赖惯性，即心理依赖症。

第八章 价值认知，做自己最成功的“管家”

每个人都有自己的价值观，它是基于人的一定的思维感官之上而做出的认知、理解、判断或抉择，也就是人认定事物、判定是非的一种思维、态度或取向。一个人发表什么样的观点，做出什么样的行为，取决于他的价值认知，取决于他的思维取向。

第九章 自我管理的七个训练方法

古今中外的成功者身上，都有一种优秀的品质，它叫意志力、自控力或克己自律。这种品质并非天生的，而是后天训练的结果。你要做的就是找到自我训练的方法，并持之以恒地训练，只有这样，你的意志力、自控力才会被开发出来。

第一章

成功者与失败者的最大差别：能否管得住自己

为什么有的人比你成功一百倍一千倍？难道他们比你聪明一百倍一千倍吗？当然不是，其实人与人的智商程度都差不多，而仅有的差距在于智商之外的自控力。成功者与失败者的最大差别，就在于成功者管得住自己，包括管得住时间、思想、内心、行为，等等；而失败者不断地迁就、放任自己，久而久之养成了一些不良的习惯，最终离成功越来越远。

成功者善自控，失败者爱放任

你肯定见过淘气的孩子，他们在父母和长辈的宠爱下，会说一些不得体的话。当家里有客人时，他们更是调皮捣蛋，一切只为吸引关注，这就是典型的“人来疯”。

孩子的自控力本来就较弱，偶尔“人来疯”是情有可原的，但是，为什么很多成年人，也像孩子一样不能约束自己的言行举止呢？一个不能自控的人，会在人生的道路上滑向哪里呢？毫无疑问，肯定是失败的泥潭。

≫ 什么是自控

所谓自控、自控力，指的是一个人在意志行动中善于控制自己的情绪，约束自己的言行。人区别于动物的根本特点之一，就在于人是有思想的，因而可以按照一定的目的，理智地控制自己的感情和行动。

自控力是一个人坚强的重要标志，是一种可贵的品质。它主要表现在两个方面：一方面使自己在实际工作中、学习中努力克服某些不利的因素，比如，犹豫不决、恐惧、懒惰等；另一方面使自己在实际行动中抑制住行为上的冲动。

自控力对一个人走向成功起着十分重要的作用。古希腊哲学家亚里士多德曾说：“美好的人生建立在自我控制的基础上。”一个人一旦失去了自控力，便可能误入歧途，导致一生的失败。

比如抽烟，一开始可能是抽着玩，但有的人自控力不够，慢慢地就开始习惯了抽烟，于是一根两根，一包两包，直至成为嗜好，积习难改。这就是典型的放任自己。

如果说，盲目与放任是自控力的腐蚀剂，那么，自控力就是一个人征服放任的有效武器，也是一个人征服成功的有利法宝。世界上的成功者，都具备一个共同点，那就是有超强的自控力，他们懂得该做什么，不该做什么，绝不会因为外在的诱惑与干扰而放任自己。

≫ 潜伏的红狐狸

我曾看过一本专门描写打猎的书，书中介绍了一只红狐狸，它为了捕获野鸭子，经常连续几天潜伏在冰天雪地的沼泽地中，它顽强而有耐心，并毫无声息地贴在地上，慢慢地接近野鸭子。如果野鸭子无意中游开了，红狐狸就会用舌头舔一下嘴唇，失望地退回到原地继续等候。为了抓住猎物，红狐狸可以这样往返几十次，直到野鸭子由于一时疏忽，被它逮住为止。

红狐狸的自控力令人佩服得五体投地，它超强的自控力，是在漫长的进化过程中慢慢形成的一种捕猎的本能。如果说，连动物为了达到某种目的都能管得住自己，那么作为有思想、有情感的人来说，岂不是更应该能驾驭自己、管住自己？

下面来看看成功者是如何管住自己的：

海尔总裁张瑞敏上任后，发现刚生产出来的电冰箱存在质量问题，于是拿起一把大锤，果断地砸掉那些电冰箱。从那以后，海尔品牌的电器质量越来越好。最终，海尔集团成为家喻户晓的大企业。

为什么海尔能够成功？其实，它与张瑞敏的自控力有很大关系，如果不是张瑞敏自我约束，对产品质量严格要求，不放纵任何一个有质量问题的产品，怎么可能有今天的海尔呢？海尔的成功，不仅仅是海尔的成功，更是张瑞敏个人的一种成功。这就是自控力带来的巨变，它不仅表现为对坏事的一种抵制，更表现为对好事的一种坚持。

⋙ 搬开“绊脚石”

“每个人都渴望追逐成功，可是在这条追逐之路上，处处都有绊脚石。多少人因为搞不定这些绊脚石而与成功渐行渐远，又有多少人因为搬开了这些绊脚石，而与成功相遇。”这是我曾对一位咨询者说的话，对方听后问我：“你所指的绊脚石是什么？是困难吗？是挫折吗？是那种不可战胜的逆境吗？”

我回答道：“当然不完全是指那些大的困难，确切地说，我指的是那些平时看似不起眼的小事。”对方露出惊讶的表情：“小事怎么可能成为绊脚石呢？”

我笑着问对方：“你是否有过随心所欲的时候，而事实上你也知道不能随心所欲。比如，你看见一套时髦的衣服，于是忍不住想买，并为此纠结很久；你听说最近上映了一部好电影，你很想去看；在该工作的时候，你想玩一会儿游戏；在你该起床的时候，你却想多睡一会儿；在周末里，你想睡个懒觉；在饭桌上，你想多喝几杯……”

“你说的这些现象，我身上好像都有。”对方还没等我说完，就打断了我。

“这些不起眼的事情，都在慢慢地减弱你的自控力，增强你的自我放任性。”我总结道，“人的计划、理想，往往不是败于强大的诱惑之下，而是败在长年累月对小事的放任上。如果你养成了排除干扰、管住自己的习惯，哪怕在小事上也不迁就自己，自然会取得一次次小的成功；一次次小的成功，才会累积起大的成功。”

最后我建议对方，对于已经做出的决定，制定的计划，以及自己应该做的事情，一定要坚定不移地付诸行动。在行动的过程中，可以适当地休息、放松，但不要放任自己，可以规定自己休息几分钟，但不要超过这个时限。面对诱惑与干扰时，一定要牢记自己的目标，清楚自己应该干什么，这样才能更好地排除障碍。

自控力，本质上是做出选择的能力

自控力，表面上看是一种自我控制能力、自我管理能力，但其本质上是做出选择的能力。如当你脾气暴躁、怒火中烧的时候，你原本想爆发出来，但如果你有足够的自控力，就完全可以选择控制自己的情绪，以平和的态度来表达不良的情绪；当你正在工作时，朋友给你打来电话，叫你出去喝两杯，你原本可以丢下工作去赴约，但此时如果你有足够的自控力，明白工作对自己的重要性，就可以选择委婉地拒绝。这就是做出选择的能力，也就是自控力。

人区别于动物的根本特点之一，就是人有控制自己的思想感情和行为举止的能力。不同的是，有些人这种能力强，有些人这种能力弱。自我控制能力强的人，在面对诱惑的时候，往往能做出正确的选择；而自我控制能力弱的人，在面对诱惑时，往往心神大乱，被干扰、被影响，并很容易做出不正确、不理智、不利于自己的事。

≫ 牢笼与自由

自控力就是尽管你不想做某些事情，但还是尽力去做了，这样你就能做成你想做的事情。这里同样也有一个选择的问题，就是在你想做的事情与不想做的事情之间做出选择，而做出选择的能力，考验的正是你的自控力。

14 世纪，有个名叫罗纳德三世的贵族，是祖传封地的正统公爵，不幸的是，他的弟弟篡夺了他的权位，并把他关进了牢房。但是弟弟既不想杀死罗纳德三世，又不想给他自由，于是，他想了一个办法。

弟弟命人把牢房的门改得比以前窄一些，罗纳德三世身高体胖，胖得出不了牢门。弟弟向罗纳德三世许诺："只要你能减肥并自己走出牢门，你就可以获得自由，连爵位也能恢复。"可惜罗纳德三世是个自控力不强的人，面对弟弟每天派人送来的美食，他选择的是接受、享用，而不是抵制美食的诱惑，以便减肥成功，走出牢房，重获自由。结果，罗纳德三世不但没有减肥成功，反而更胖了。

一个没有自控力的人，一个在选择面前丧失抉择力的人，就像被关在牢笼里的囚犯，是没有任何自由的。也许你会觉得，那种没有自控力的人，想干什么就干什么，看起来非常自由自在，但那只是表面上的自由，并非真正的自由。真正的自由是有限度的，是在自己应该做的事情上自由地发挥，自由地驾驭自己的生活。

任何一个成功者都明白：如果没有自控力，就永远不可能成功。成功是一个不断做出明智选择的过程，面对自己要做的事情和自己不想做的事情，选择错误就会进入牢笼，选择正确就会获得真正的自由和快乐，直至获得最后的成功。

≫ 抱怨与接受

经常听到有人说："我做这一切都是为了你。"言外之意是，"你得为我所做的负责，你得给我一些回报"。可问题是，既然已经选择了为了别人付出，为何又要抱怨对方不懂得回报呢？

有一次，我接待了一位女士，向我抱怨她老公一家人不体谅她，把她对家庭的付出视为理所当然，这让她备感凄凉。一天下午，她在洗碗的时候，忽然越想越不对，越想越觉得不开心。想着想着，她洗碗的动作慢了下来，就在水流冲过手的某一瞬间，她心中暗自抱怨：凭什么是我？

事实上，她的这种抱怨源自儿时，当时因母亲体弱多病，她在很小的时候就开始帮家里做一些力所能及的事情。很多家务活都是她主动去做的，但这种主动只是事情的一方面；另一方面，她这样做也想换取妈妈或家人的赞赏。

我对该女士说："由于渴望换取赞赏，或是由于内心的些许不情愿，你并不能全身心地投入到家务活中去。所以，尽管在小时候和现在都会主动去做家务，但都是比较马虎，而且效率比较低。甚至可以说，你在做家务时是处于幻觉中的，看起来是你一个人在洗碗，而事实上，你在为一个幻觉中的妈妈和其他亲人洗碗。"

明白了这一点后，她长吁一口气，看得出来她的内心轻松了许多。接着，我对她说："我知道你很希望控制自己内心的这种不情愿和抱怨，可是当你做家务时，又不知不觉地产生了这种情绪，这种矛盾的心理才是你痛苦的源头。"

"是的，其实做些家务并不累，我只是觉得内心不公平，我在乎的是大家对我付出的认可，可他们一点都不在意，很少赞赏我。"女士如是说。

"你是一个明事理的人，既然别人不赞赏你，那你就要控制自己渴望获得赞赏的心，选择接受家人对你的这种态度。你还可以选择自娱自乐，自己赞赏自己。另外，你也可以将这些事情看淡，告诉自己：这不过是一些琐事，我只是尽己所能为家庭付出，没什么大不了的，大家不赞赏我也是正常的。只要你能选择这样想问题，那么抱怨、不开心都会消失。"

后来该女士发邮件给我，说："自从听了你的建议，我的不情愿消失了，我可以全身心地投入到家务中，而在那一刻，我的心中是愉悦的，我发现原来清水流过皮肤的感觉可以那么美，甚至手指轻抹过饭渣时的感觉都有一份安宁与喜悦，这种感觉在以前是没有过的。”

世界级心理学大师韦恩·戴尔说过：“选择痛苦，否则那就激励你自己吧。无论你做什么，一切都是你的选择。”无论你是选择抱怨，还是选择接受现实，都是你的选择。约翰·东尼说过：“人一定要成为自己的城堡，不要让世界成为你的囚牢。”如果你选择看到事物负面的一面，你就会看到负面的东西。所以，选择乐观一点吧，你比你认为的自己可能更强大。

≫ 为你的选择负责

一个读者给我写信说：她即将大学毕业，父母希望她回到老家所在的地级市，但她很清楚父母的控制欲太强，所以，她想去其他城市。但是，父母轮番给她做思想工作，还叫亲朋好友给她做思想工作，用各种方式向她施压。虽然她不情愿回老家，但还是倾向于回老家。

我回信说：“无论你选择去大城市，还是选择回家，都必须明白一点：这是你的选择，不是你父母的选择。所以，你要为自己的选择负责，而不是你的父母或亲朋好友为你的选择负责。”

这封回信犹如当头棒喝，让她从恍惚的状态中清醒了过来，她开始认真地为自己的将来做各种考虑和规划，并最终选择坚持自己的意见。她知道，这样会引起父母的埋怨和谴责，以及遭到亲朋好友的不理解，但她决定承受这一切。

很多时候，我们不能控制自己，而是屈从别人的压力，其实这是在逃避责任。你可以选择快乐，也可以选择悲伤；你可以选择努力，也可以选择颓废。这一切，从来都是你的选择，你必须为自己的选择负责。

寻找失败的前因后果

时下成功学十分流行，大多讲的是人际关系、决策力、执行力等对成功的重要性，类似于心灵鸡汤式的说教，看起来很有营养，事实上也很有营养，但实际作用有多大呢？这就不得而知了，就像网络上的一句流行语说的那样："听过很多大道理，却依然过不好这一生。"

其实，成功者与失败者，最大的问题就在于自控力——控制自己内心与行动的能力。成功有成功的理由，失败有失败的原因，在你追求成功之前，一定要了解怎样会失败。很多人失败的原因表面上好像不同，但实际上都离不开一个罪魁祸首——自控力差。

≫ 自控力的影响力

情商高低，对一个人的成功有着至关重要的作用。自控力作为情商的重要因素，对一个人的成功具备非同寻常的意义。美国成功学家拿破仑·希尔曾对美国各监狱的 16 万名成年犯人做过一份调查，发现这些不幸的人之所以沦落成囚徒，90% 的人是因为他们缺乏必要的自控力。自控力不强，不但给他人和社会带来了伤害，也让他们自己受到了惩罚。

河南某大学中文系学生小刘，自从买了电脑后，就迷上了网络游戏，由于长期缺乏与同学交流，融不进班集体，他变得越发沉迷网络游戏，以致整天都不去上课，任课老师都不知道班里还有这位学生。一个学期下来，他的 9 门功课有 5 门功课要补考。根据学校规定，一个学期一个学生，不得有 3 门以上的功课补考，否则，就要留级。

小刘由于自控力差，沉迷于网络游戏，导致学业失败。一个人不做自己应该做的事情，不能理智地思考，还谈什么成功呢？

≫ 可悲的人才

有一次，我和一位朋友聊天，讲到自控力问题，朋友跟我讲起了他的一位同事（贾先生）。

贾先生风趣、随和、心地善良、为人大方、性格豪爽，有丰富的社会阅历和人生经验。按理说，这样的人应该很容易在事业上获得成就，可他的表现却令人大跌眼镜。他一次次在职场上铩羽而归，每次都跌得很惨，而且久久不能振作起来。下面是我朋友以自己口述的方式讲述的故事：

几年前，贾先生在广州做生意，曾经找我帮忙。我一直挺欣赏他，就爽快地答应了。就在我尽全力帮他办事的时候，他却突然说要做更大一笔生意，原来的项目脱手给别人，不做了。我觉得原来的项目挺好的，放弃了很可惜，但他却说新项目更好，而且投资回报率更高。一旦成功，下半辈子就不用再为钱奔波了。

然而，两个月后，贾先生就消失不见了，他的手机也打不通。又过了一年，有一天，我在 QQ 上意外发现他在线，就问他怎么了，为何人间蒸发了？他支支吾吾了半天，终于道出了原委。

原来，一年前贾先生放弃了广州的项目，跑去北京搞大项目，结果他的合伙人其实也没有什么资源和资金，两个人在北京没坚持三个月，就弹尽粮绝了。他觉得没脸回广州，也没能力留在北京，就回老家了。

在随后一年多的时间里，贾先生每天都醉生梦死，浑浑噩噩地过。这几天才找了一份工作，不情不愿地做着。他觉得生活就这样了，不会再有什么希望了。我听着听着，顿时产生了同情心，觉得以他的能力和经历，完全可以找一份高薪的工作，做出一点成就。当时我们公司正好有个行政经理的空缺，于是，我就将他推荐过来了。

一开始，贾先生干得不错，很受老板赏识，老板多次当着我的面赞赏他。但是三个月后，老板就对他颇有微词了，老板觉得他有能力，有想法，但就是没有坚定的信念，不注意小节。后来，老板开始抱怨他，再后来，老板对他变得满腹牢骚。

我实在看不下去了，就与贾先生谈了谈，他说干行政没有激情，想干市场营销，因为他有多年的市场营销经验，肯定能发挥出自己的能力。我对他说："如果你对自己有清晰的定位，不妨主动找老板去沟通。"他去找老板之后，老板觉得他确实有能力，于是爽快地答应了，派他去上海，独立开拓市场。

后来的一段时间，我比较忙，经常出差，很少在公司，所以与贾先生见面的机会也少。大概两个月后的一天晚上，我突然接到他的电话，他说辞职不干了。我很意外，问他原因，他说上海的市场很难开拓，短时间内很难取得成效，与其耗费时间，不如离开算了。

随后，我与老板谈到贾先生的问题，老板说："他是个不错的人，人品也不错，就是自控力太差了，没有常性，做事不能坚持。他刚来公司时挺勤快，也挺会办事。但没多久，就变得懒散起来，早上不按时上班，有机会就偷懒。很多事情以他的能力完全可以办好，但是他不能坚持到底，总会留个小尾巴，结果本来可以做好的事情，反而被他弄成了有头无尾的烂尾楼工程。"

听完朋友的这番讲述，我突然灵光一现，得出一个结论："这不就是很多人失败的共同原因吗？因为自控力差，他们做事没有常性，没有坚持，遇到一点困难就放弃；因为自控力差，在遇到干扰因素，遇到更有诱惑力的项目时，他们就见异思迁，改变目标。这样的人再有能力，也无法取得成功，这就是失败的症结。”

》可笑的借口

我认识一位律师，他曾直言不讳地说：“我的确没有追求到我的愿望。”其实，这也不足为怪，据我所知，他从来没有认真尝试，没有用心投入，很少下定决心干成一件事，他总是给自己找借口：“反正我不是那么重视这件事。”

这名律师是我的老乡，是一所很有名望的法律学院毕业的，还加入了美国西岸一家大商行，可是不知为何，结果总是事与愿违。于是他说：“我对待工作采取的态度就是不冷不热，不认真工作，也不违背资深股东的意愿。”

后来，他到美国东岸，加入了一家律师事务所。在工作六个月后，上头示意请他主动离职，原因是他没有工作激情。他却说：“我才不在乎呢，反正我本来就不喜欢这家律师事务所。”现在，他在北京的一家律师事务所，但他始终不满意，他说：“不瞒你说，我在这里就是为了混口饭吃。”

妄自菲薄、心浮气躁、不肯投入，是他失败的主要原因，这些原因背后，归根结底是因为他管不住自己，缺乏必要的自控力。更可悲的是，他缺少自控力，自己却浑然不知，或者说不肯承认，而是找一些自欺欺人的借口，比如“我对这件事根本不感兴趣”、“反正我不是那么重视这件事”、“我才不稀罕呢”等，有这种心态的人，注定是不会成功的。

缺乏自控力的四种“症状”

自控力是成功必不可少的能力和品质。一个人要想更好地追求成功，首先应该了解自己的自控力，判断自己自控力的强弱，以及在哪些方面有不足之处，这就必须要了解自控力差的表现。

≫ 四种症状

如果说缺乏自控力是一种病，那么，它的病症通常有以下四种：

（1）无法长时间做同一件事情

比如，一份工作做不了几个月；一本书不能完整地、持续地看完；一部电影都没耐心看完，等等。

（2）注意力很容易被转移

工作的时候，很容易被周围的人影响；思考的时候，一只苍蝇都能让你注意力转移；说话的时候，别人突然插话，就会让你思路分散，记不起讲到哪里了，等等。

（3）情绪管理存在问题，遇到外部影响，情绪波动较大

比如，遇到不公的待遇时，会气急败坏；遇到别人的反驳时，会提高嗓门，激烈地辩驳；遇到不开心的事情时，会无精打采；遇到不喜欢的人时，会冷漠对待，等等。

（4）短时记忆存在问题，几秒钟之内就忘记了所要做的事情和想要说的话

比如，刚才还在兴致勃勃地谈论某项计划，几秒钟之后，就忘得一干二净，开始另外一个计划。

≫ 自控力测试

每个人都想知道自己的自控力在什么水平，下面，就来进行一项轻松的测试，对照下面的问题，再根据你的实际情况，选择一个最适合你的答案。

A. 很符合自己的情况

B. 比较符合自己的情况

C. 介于符合与不符合之间

D. 不大符合自己的情况

E. 很不符合自己的情况

测试题：

（1）一般来说，你每天都按时起床，不睡懒觉。

（2）你给自己订的计划，常常因为主观原因不能如期完成。

（3）你很喜欢长跑、远足、爬山等体育运动，但并不是因为你的身体条件适合这些项目，而是因为这些运动能够锻炼你的体质和毅力。

（4）你的作息没有什么规律性，经常随自己的情绪和兴致而变换。

（5）在工作和娱乐发生冲突的时候，即使这种娱乐很有吸引力，你也会马上决定去工作。

（6）你认为做事情不必太认真，做得成就做，做不成便罢。

（7）你做一件事情的积极性，主要取决于这件事情的重要性，即该不该做；而不在于对这件事情的兴趣，即想不想做。

（8）有时你躺在床上，下决心第二天要干一件重要事情，但到第二天这种劲头又消失了。

（9）你信奉“凡事不干则已，干则必成”的信条，并身体力行。

（10）你常因读一本引人入胜的小说或看一出精彩的话剧而忘记时间。

（11）你能长时间做一件事情，即使它枯燥无味。

（12）你在学习和工作中遇到了困难，首先想到的就是问问别人有什么办法。

（13）你下决心办成的事情（如长跑），不论遇到什么困难（如腰酸腿疼），都会坚持下去。

（14）你的兴趣多变，做事时常常是这山望着那山高。

（15）对于别人的意见，你从不盲从，总喜欢分析、鉴别一下。

（16）生活中遇到复杂情况时，你常常举棋不定，拿不定主意。

（17）你决定做一件事时，说干就干，绝不拖延或者落空。

（18）凡是比你能干的人，你不大怀疑他们的看法。

（19）你喜欢遇事自己拿主意，当然也不排斥听取别人的建议。

（20）你办事喜欢挑容易的先做，难做的能拖则拖，实在不能拖时，就抓紧时间匆匆做完，所以别人不大放心让你干难度大的工作。

（21）你不怕做你从来没有做过的事情，也不怕一个人独立负责重要的工作，你认为这是对自己很好的锻炼。

（22）你相信机遇，很多事实证明，机遇的作用有时大大超过个人的努力。

（23）你希望做一个坚强的、有毅力的人，因为你深信“有志者事竟成”。

（24）在和别人争吵时，你有时虽明知自己不对，却忍不住要说一些过头的话，甚至骂对方几句。

（25）你和同事、朋友、家人相处时，很有克制能力，从不无缘无故发脾气。

（26）你生来胆怯，没有十二分把握的事情，你从来不敢去做。

测评标准：

单数题号：A 记 5 分，B 记 4 分，C 记 3 分，D 记 2 分，E 记 1 分

双数题号：A 记 1 分，B 记 2 分，C 记 3 分，D 记 4 分，E 记 5 分

各题得分相加，统计总分。

测评分析：

111 分以上：自控力很强

91 ～ 110 分：自控力比较较强

71 ～ 90 分：自控力一般

51 ～ 70 分：自控力比较弱

50 分以下：自控力很薄弱

“我要做”与“我想要”的神经学原理

自控力是控制自己的能力，是指能够完全自觉地、有意识地控制自己的情绪，支配自己的行动的能力，是意志的重要品质，是情商的重要因素。自控力表现在两个方面：一是，善于迫使自己执行决定了的决定；二是，善于抑制与自己的目的相违背的愿望和动机。

≫ “我要做”与“我想要”的区别

简单地说，自控力就是强迫自己做该做的事情，甚至是做自己不喜欢做的事情。比如，你昨天制定了跑步计划，今天你不想离开温暖的被窝，但你能够强迫自己起床去跑步。

离开温暖的被窝去跑步，是你要做的事情；窝在被窝里睡懒觉，是你想做的事情。在“我要做”与“我想要”之间，人的大脑会进行激烈的思想斗争，而最终发挥作用的是人的意志力所迸发出来的自控力。如果你的自控力足够强，知道要做什么，就应该去做，那么就不会因为某一瞬间的“想做什么”而动摇。

你曾下定决心不打车，从牙缝里省出钱来，为三年后买房做准备，可是你能坚持每天在寒夜冷风中等公交车吗？你计划每天背诵一定数量的单词，而不会因为打球或打游戏而把任务拖到明天吗？

这些都是考验你对“我要做的事情”的自控力，也是考验你对“我想要做的事情”的抵制力。你能否迫使自己做正确的决定，能够抑制无益的欲望和行为呢？就此问题，成功者与失败者的表现截然不同。

≫ 成功者与失败者的差别

自控力的构成是一个矛盾体，矛盾的一面是感情，另一面是理智。如果任凭感情支配行动，那么你就会成为感情的奴隶，就会表现得缺乏自控力。如果用理智支配感情，那么你就会成为自己的主人，这就是自控力的表现。成功者与失败者的区别，就在于：

成功者能够自觉地做自己要做的事情，抵制自己随时冒出来的想做的事情，迫使自己永远在做计划内、对自己有益的事情。因此，他们能够坚定不移地执行计划，坚持到底，并实现目标。所以，他们成功了。

失败者不能自觉地做自己要做的事情。不能抵制自己随时冒出来的想做的事情，或外界出现的对他们有诱惑的事情。于是，他们放纵自己，做令自己一时高兴的事情，在图痛快中无拘无束地放任自己。所以，他们的字典里没有“成功”这两个字。

有时候，有些人对自己的行动也能自控，但这种自控不是源自内心的意志力，而是来自于外力的管教和监督。比如，父母的管教，制度的约束。举个很简单的例证，上学的孩子如果考试成绩不理想，就会被父母斥责，或扣除零花钱；上班如果不好好工作，就会被扣除工资甚至被开除。在这种外力的作用下，自己不得不去做别人期望的事情，这不是有自控力的表现，因为这不是自觉的行为。

≫ 把“我想要”变成“我要做”

尽管在面对“我想要的事情”时，我们应该选择“我要做的事情”，但并不是说“我想要的事情”就不应该被考虑，因为“我要做的事情”最开始也是从“我想要的事情”转变过来的。很多事情，一开始就是我们想要做的，于是，我们列了计划，设定一个目标，并为之努力，这就是“我要做的事情”。

德国著名思想家歌德曾经说过：“开始做吧，不管你能做什么或者你梦想做什么。大胆勇敢就在于它的天赋、力量和魔法。”有了想做的，有了梦想之后，就应该将其转化为具体的目标，设定切合实际的计划，然后付诸行动。其实，一切“我要做”都是从“我想做”转化而来的。

那么，为什么在面对“我要做”与“我想要”这两者时，我总是建议人们保持自控，选择“我要做”而不是“我想要”呢？理由有以下两个：

第一，“我想要”是一种愿望，是一种欲望，这种愿望有多强烈，对你的未来有多少益处，这还有待思考，如果只是一闪而过的念头，而你总是为这样的念头而动摇，那你怎么完成你计划内的事情呢？如果事后经过理智的思考，确定这件你想要的事情就是你需要的事情，那么就可以列出一个计划，放入自己的日程安排中，并在某个时间完成它。

第二，在你做“我要做的事情”时，就应该专注，这是自控的表现。而自控是高效地完成一件事情的必备条件。至于“我想要的事情”，你完全可以在闲暇的时间去思考，在闲暇的时间去做，这样才不会影响你做要做的事情。

热爱它，专注它

成就一番事业离不开超强的自控力，但自控力并不是成功的唯一条件，要想它充分发挥作用，还需要一个重要的前提，那就是找到你热爱的事业，从事你喜欢的工作。如果你还没有找到自己热爱的事业，那就继续寻找，不要放弃。当你找到自己热爱的事业，就会发现它能给你的人生带来意义，带来价值和充实感，然后，你就会带着使命感和目标感去专注地行动，整个过程中，你会发现你的自控力超乎你的想象。

≫ 找到你热爱的它

曾经接受过我建议的一位咨询者给我来信说道：

“在我不自控的日子里，我并不知道自己到底热爱什么，我总是尝试这个，尝试那个，但都以失败告终，直到有一天，我找到了我热爱的事业，才实现了自控。我清楚地认识到，当我做自己不热爱、不擅长的事情时，我想得更多的是如何敷衍了事，如何快点打发时间，如何腾出更多的娱乐时间。”

他还说：“我深切地感受到，拥有一份热爱的事业，对于我们的自控力太重要了。当我拥有热爱的事业时，我仿佛找到了生命的意义、存在的价值，我意识到应该抵制玩乐的诱惑，意识到浪费时间是多么的可惜。我会努力实现这份工作中的每一个小小的任务，以填满我一天工作的大部分时光，并且我过得很快乐。”

从这位咨询者的来信中，我看到了他的转变。我记得当时他来咨询我时，整个人的精神状态是特别的糟糕，他对人生充满了悲观情绪，认为这辈子不可能会有什么成就了，就这样过一天算一天。我给他的建议是：不要灰心丧气，人生路漫漫，你最重要的是找到自己所热爱的，做自己热爱的事情，就发现成功会变得容易很多。

当时他听到我这样说，立即表达出了异议：“老师，我不行的，因为我的自控力太差了，我不能控制自己去专注地做一件事。”我对他说：“是的，也许你的自控力真的很差，也许那只是一个假象，当有一天你找到自己热爱的事业时，你会发现自己的自控力是异常的强大，就能做到专注地对待工作，而不会轻易被干扰。”事实就是如此，他做到了。

自控力与一份你热爱的事业，这两者之间是相互促进的。做自己热爱的事业，你会变得兴致勃勃，更容易做到自控；当你有较强的自控力时，做自己热爱的事业，也会变得更加专注和高效。

很多人认为，成功者的强大在于有绝对超强的自控力，其实并不完全是这样，他们的成功还得益于找到了自己热爱的事业，在自己热爱的事业上专注地打拼。换言之，如果让一个有着很强自控力的优秀人士，从事一份他不热爱、不擅长的工作，你会发现，他并不能把这份工作干好，他也会觉得无趣，也容易被干扰，也会注意力分散，也可能半途而废。

⋙ 专注于你的热爱

小时候，如果有人问我们：“你长大想做什么？”我们的回答总是多种多样，今天说想做画家，明天说想做科学家，后天又说想做什么家，因为童年的梦想太多，而且又总是在变。长大以后，我们儿时的梦想早已灰飞烟灭了，为什么会这样呢？因为我们缺少了专注和坚持。或者说，那些儿时的梦想并非我们真正所热爱的，所以，我们觉得没有专注和坚持的必要。那么，如果有一天，当你找到自己热爱的事业时，你应该怎么做呢？答案是专注于你所热爱的事业，并坚持到底。

在很多人心中，乔布斯就是苹果手机的代名词，创新是苹果手机的核心。但如果你认真解读并且研究过乔布斯和他所创办的苹果公司，就会明白：苹果的核心并不是创新，而是专注，至于最后得到了创新的技术，那是因为它专注到人迹罕至的地步，它就是独一无二的。

人的精力是有限的，如果你什么都做，往往什么都做不好。若是把精力分散到多个目标上去，那在每一个目标上都只是浅尝辄止，这样是很难取得成功的。成功的捷径是发现自己热爱的事情、发现自己擅长的事情，然后将自己的时间、精力、付出聚集到这个事情上，把它做到极致。

在乔布斯看来，专注不仅是一种品质，还是一种能力，更是一种心态。“决定不做什么跟决定做什么同样重要。”乔布斯这样说，“对公司来说是这样，对产品来说也是这样。”当乔布斯不想被他认为不重要的事情分散注意力时，他会完全忽略它们，就好像这些事情完全没有发生一样。

在病重期间，乔布斯曾接待了谷歌创始人拉里·佩奇。在与之交谈中，乔布斯非常直接地告诉拉里·佩奇：“现在谷歌的摊子铺得太大了，到处都是，应该只专注于重要的五个目标，把其他的项目都扔掉，否则它们会拖谷歌的后腿，把谷歌变成微软（也许在乔布斯看来，微软公司就是因为摊子铺得太大，才被苹果公司超越的）。”

乔布斯说：“拥有专注力将改变你的人生。人们认为专注就是要对自己所专注的东西说YES，但恰恰相反，专注意味着要对上百个好点子说NO，因为我们要仔细挑选。这就是我的秘诀——专注和简单。简单比复杂更难：你必须费尽心思，让你的思想更单纯，让你的产品更简单。但是这么做最后很有价值，因为一旦实现了目标，你就可以撼动大山。”

如果你能像乔布斯那样专注于自己所热爱的事业，那么，你的自控力将是惊人的。你知道应该做什么，不应该做什么；你知道应该坚持什么，应该放弃什么。一切行动都在自己的掌控之下，如此，你不但会取得良好的工作效率，还会感到无比快乐，因为你找到了自己的价值，明白了这份事业对你人生的意义。

》尽你所能

匈牙利著名音乐家尤金·奥曼迪曾经说过：“尽你最大的努力，你现在所努力的，最终都会得到回报。”对于这句名言，我想加上一个前提条件，那就是你所热爱的事业。对待你所热爱的事业，如果你能尽己所能去付诸努力，那么成功将会变得唾手可得。

大伟是我从小玩到大的朋友，他从某沿海城市的一所大学毕业后，去了一家广告公司做销售。工作一段时间后，他意识到自己不是做销售的料，因为他很讨厌被人否定。而销售只有被客户肯定了，才能把客户拿下来了，才能获得业绩，得到提成和奖金。

大伟连续几个月都没有业绩，这让他感到上班就是煎熬，于是，他每天想着怎么“磨洋工”，这时候手机、电脑游戏等，就成了他最大的诱惑。于是，他总是忍不住玩手机、玩游戏，而一旦想到要给客户打电话，他就头疼，工作让他一点都不快乐。

很快，大伟就离开了那家广告公司，之后又尝试了几份工作，但都干不了多久。最后，他很幸运地找到了自己热爱的事业——开甜品店。大伟喜欢玩微博、微信，又懂得做甜点，他经常通过微博和微信朋友圈营销自制的甜品。

小店开张之后，大家也积极地帮他宣传，小店的生意也很不错。赚钱之后，且得到了大家的肯定，大伟就更加自信，更加热爱这份事业。于是，他每天都琢磨着怎样才能让甜品变得更好吃，如何更快速地送货上门，如何与竞争对手斗智斗勇，如何节省成本、增加利润，如何与客户在微博、微信上增加互动……

试问一下，你觉得大伟在经营甜品店的过程中，还会想着打游戏吗？还会“磨洋工”吗？也许偶尔也会，但频率比以前会低很多。因为他对这份事业有了热情，他的自控力也会大幅度提升。所以，找到了你热爱的事业，就全力以赴吧。因为一旦你做出了成绩，就会获得信心，获得更多的热爱，然后你也会更加努力，这样就会形成一个良性循环，不知不觉中，你的自控力就提高了。

坚信定律，信念的力量

当你对某件事情抱着百分之一万的相信，它最后就会变成事实。这种心理超越了自信，是一种确信、坚信的态度，这就叫坚信定律。坚信定律所表达出来的是一种坚强的信念，它是面对失败与挫折时的心理平衡器，是帮助我们保持内心的平衡，防止我们因坎坷与挫折而偏离最初的奋斗轨道的利器。毫无疑问，它是提高自控力的好帮手，也是最终走向成功的基石。

闻名世界的美国演讲家诺曼·文森特·皮尔曾说："自信一点，要对你的能力有信心。如果你没有一个谦虚但合理的自信，你是不可能成功或快乐的。"如果你不相信自己会成功，那么别人为什么会相信你呢？你知道自己是最棒的，你应该对自己的能力更加自信、更加坚信。

≫ 信念的力量

每个人身上，都有一种重要的心理"营养素"——坚定的信念。只不过有些人并未将这种信念开发出来，或者在屡遭失败之后，这种信念已经丧失殆尽了。但是有志者会坚信自己能够成功，坚强的信念是他们克服困难、坚持到底的动力之源。

《信念的魔力》这本书中提道："信念是始动力，能够产生把你引向成功的无穷力量：它往往驱使一个人创造出难以想象的奇迹。"因此有人说，信念是人们成功的第一要素，也是自控力的重要来源之一。

一个人，不怕不成功，就怕不相信自己能成功。其实，只要你坚信自己能成功，并坚持不懈地努力，那么一切皆有可能。正如《圣经》上所说："坚定不移的信心能够移山。"一个人一旦对某件事、某个目标具有强烈的欲望，他就一定能找到办法。很多时候，人失败不是因为能力不够，而是因为一遇到困难，就失去了自控力，而选择了放弃。

≫ 绝不轻言放弃

在人生的道路上，挫折与失败是难免的，如果你坚信自己能够成功，就不能畏惧失败，不到最后绝不轻言放弃。那些出类拔萃的人，不断挑战自己极限的人，并不是因为他们智力多么超群，而是因为他们拥有超强的意志力。

1926 年 8 月 6 日，年仅 20 岁的美国运动员赛特鲁德·埃德尔成功地横渡英吉利海峡，她是世界上第一位成功横渡英吉利海峡的女性。其他五位成功横渡这条海峡的均为男性。这天的天气十分恶劣，早上 7 点 05 分，埃德尔从法国内兹海角出发。两艘轮船跟在她的身后，一艘船载着新闻记者和摄影师，一艘船载着她的亲友。

海水的温度只有 13.6 摄氏度，80% 的挑战者以失败告终，都是因为无法忍受刺骨的水温。一开始，埃德尔游得比较顺利，亲友们不断地为她加油呐喊。过了一段时间，狂风暴雨突然来临，她的身体慢慢变得发麻。当时雾很大，连护送的船只她都看不到。

狂风掀起的波涛不时地击打她，由于情况十分险恶，亲友们多次劝她放弃，但每次她都反问道："为什么要放弃，我相信自己能行。"尽管她多次遇到致命的危险，但她都坚强地挺了过来，在她坚持不懈的努力下，她最终成功横渡了英吉利海峡。

不得不说，埃德尔的成功与她不轻言放弃的信念是分不开的，一个人只要决定做一件事，之后坚持不懈地努力，即便遇到了困难，也能保持信心，积极地寻找克服困难的办法，那么成功就会近在咫尺了。

≫ 轮椅上的巨人

生活中，有些人一旦遇到了挫折和失败，就会悲观地认为："完了，完了，看样子是没可能成功了……"然后，不断地联想可能会出现的糟糕的局面，陷入了无限的忧虑之中。这就叫庸人自扰。

实际情况真的那么糟糕吗？也许不一定，只不过因为他们对自己信心不够，才会表现出悲观的情绪。一个人一旦陷入了悲观的情绪，就很容易动摇最初的奋斗信心，就很容易改变计划，这时他的自控力是脆弱的。

让我们来看看，美国历史上"轮椅上的巨人"——美国第32任总统富兰克林·德拉诺·罗斯福是怎样面对挫折与不幸的。在他参加总统竞选前，他被诊断患上了"腿部麻痹症"。医生对他说："你可能会丧失行走的能力。"

罗斯福没有悲观绝望，反而笑呵呵地说："我还要走路，而且我要走进白宫。"这种坚定的自信和乐观的心态，感染了在场的每一个人。后来的事实证明，他不但走进了白宫，而且成为美国历史上唯一连任四届的伟大总统。

乐观地看待世界，世界也会给你带来希望。在乐观的心态下，在坚定的信念下，你的自控力也会变得坚不可摧，这就是坚定的信念带来的自控力，有了坚定的信念和乐观的心态，你才能更好地管住自己的梦想，管好自己的目标，管好自己的人生。

第二章 管得住自己，从设定一个目标开始

目标是前进的方向，是坚持的力量。没有目标，就像航行的船只没有方向，小小的波浪就能改变其航向。没有目标，就很容易朝三暮四，只要出现新鲜的、有诱惑的事物，就会产生好奇，就会想去尝试，往往无法坚定地沿着一条路走下去，如此一来，怎么能成功呢？

碌碌无为的深因

心理学研究表明，一个人的认识水平和动机水平，会影响他的自控力。动机强烈、目标远大的人，在诱惑面前往往会表现出强大的自控力，能够抵制住很多的诱惑和干扰，摆脱消极情绪的影响。而动机弱、目标感不强的人，往往容易在诱惑面前迷失自己，轻易被周围的因素影响，难以成事，最终可能碌碌无为地过一生。

≫ 同样是砌墙

说到目标问题，我脑子里不由地想起一个故事：

某建筑公司有三个工人在砌墙，一位哲学家分别问他们："你在干什么？"

第一个工人一脸无奈，不高兴地说："没看见吗？我在砌墙。"

第二个工人抬了抬头，面无表情地说："我在盖房子。"

第三个工人很热情地说："我在建造一座漂亮的大厦。"

若干年后，这三个工人拥有怎样的人生呢？

第一个工人还在工地上砌墙，他还是每天长吁短叹，一脸无奈；第二个工人成了包工头，手下管着一个施工队；第三个工人成了建筑设计师，并设计出很多出色的建筑物。

故事虽短，却清楚地告诉了我们一个道理：拥有远大目标，对人的现状和未来有着巨大的影响，起着重要的自我管理的作用。

美国哈佛大学的心理学家曾做过一项调查，针对的是一群年轻人，关于人生目标的调查。在这些人中，没有人生目标的占 27%，人生目标模糊不清的占 60%，人生目标清晰的占 10%，人生目标十分明确、并能够坚定地去实行的占 3%。

25 年以后，心理学家再次对这些人进行调查，结果表明：27% 没有人生目标的人，大多数生活在社会最底层；60% 人生目标模糊不清的人，大多数生活在社会的中下层；10% 人生目标清晰的人，大多数生活在社会的中上层，是各行各业的专业人才，比如，医生、教师、公务员等；3% 有非常明确的、坚定不移的人生目标的人，则成了各行各业的精英和顶尖人物。

应该说，这是一项极具权威的调查，它非常有力地向我们证明：是否有目标、目标是否清晰、是否能坚定地实行目标，决定着一个人的命运。如果心中没有目标，那就很难办成事情。而且由于没有坚定的目标，人的思想很容易处于游离状态，而精力也很容易分散，也就很容易受到干扰和诱惑，在这种情况下，人的自控力是很差的。

≫ 目标影响力

我的一位朋友曾向我诉苦："我这半年过得好没劲，感觉每天都在虚度光阴。"我这位朋友很能干，大学毕业三年后就买了房子，又干了一年，然后结婚了。在年轻人中，可以说是很有能力、小有成就的。他告诉我，婚后半年时间，整个人处于极度放松状态，对人生没有规划，没有明确的目标，每天陪陪家人、上上网，闲暇时间约稿、撰稿，他让我给他一些建议。

我对他说："其实你的问题你自己也基本清楚，就是没有目标导致的，以前你肯定不会这样，每个月赚多少钱，一年的收入目标，想必你会有个清楚的规划；三年之后，想过怎样的生活，五年之后，想过怎样的生活，你一定会很清楚。现在，你最需要的就是确定目标。”

朋友笑着说：“你说得太对了，以前我确实有很明确的目标，每天都很有动力，过得很充实。可我想知道的是，我已经放纵自己半年了，感觉人都变懒了，自控力也很差。是不是确定了目标，我就能重拾原来的自己呢？成为那个有自控力的人呢？”

我对他说：“这就要看你怎么做了，目标确定之后，也许短时间内，你还会像这半年一样，但只要你实现目标的心愿足够强烈，并不断地提醒自己去行动，慢慢地，你肯定能变成以前那个你。”朋友接受了我的建议，并坚定地去做了，三个月后，他告诉我：他又变成了以前那个拥有超强自控力的人。

为什么目标的确立直接影响到事情的成败呢？为什么目标对一个人有那么大的影响力呢？这是因为目标一旦确定，并且你一再地主动向自己灌输，你就能认清自己的任务和使命，感受到你存在的意义和价值。如果你没有行动，或在行动中偷懒了，此时来自目标的责任感就会鞭策你，你会感到愧对这个目标，这种源自内心的鞭策，会成为努力的动力，使你把激发出的全部的潜能用到目标的达成上去。

许多卓有成就的人士都认识到了目标的影响力。著名成功学家拿破仑·希尔曾说：“有了目标，内心的力量才会找到方向。茫无目标地漂荡终归会迷路，而你心中那一座无价的金矿，也会因不开采而与平凡的土石无异。”美国著名哲学家、诗人爱默生曾说：“一心向着自己目标前进的人，整个世界都给他让路！”

≫ 坚持的力量

坚持，它有两个含义：第一，不随便更换目标；第二，坚定地实行这个目标，不达目标，誓不罢休。关于不能随便更换目标，有一个很有趣的故事：

有个博士生看见农民在水里插秧，在没有拉线的情况下，能把秧苗插得非常整齐。博士生好奇地请教农民，农民让他自己取一把秧苗，下田来试试。博士生卷起裤角，很兴奋地插了一排秧苗，可是参差不齐。农民对他说：“当你弯腰插秧时，眼睛要盯住一样东西，那就是你的目标参照物。”

博士生照做了，可插出来的秧苗还是歪歪扭扭。农民问他：“你选择什么为目标参照物？”博士生说：“我选择田岸上那头牛。”农民无奈地说：“牛那么大，而且在吃草，会动来动去，你怎么能把它当成目标参照物呢？”博士生恍然大悟。

这个故事告诉我们，选择目标切忌大而空，大而空指的是目标不能空洞，而要具体。如果目标太大，就需要分解，关于这点后面会讲到。目标一定要坚定，切勿变动，三分钟热度肯定是不行的。

那么，是不是有了目标，就等于拥有成功了呢？如果有这么简单，那每个人都不用行动了，只需坐在家里制定目标即可。有了目标之后，还需坚定不移地行动，这种行动既包括短时间内的坚持，更包括了长期的坚持。

例如，德国音乐家巴赫从小就痴迷音乐，很想去汉堡听一位管风琴大师演奏，可他的家离汉堡近百公里，而家境不好的他，又没钱坐车，怎么办呢？于是他徒步前往，走累了就在田野里休息一会儿，天黑了就在农舍的草堆旁睡一夜……为了听演奏会这个目标，为了音乐梦这个目标，他经常这样往返，目标激发出来的自控力支持他走完了全程。

再比如，著名的物理学家纪尧姆，11 岁时去国际度量衡局参观，在听了讲解员讲解标准器如何精确、如何稳定之后，他产生了疑问：“在任何情况下，这公尺总是这么长吗？千百年来，这标准米尺连一丝一毫的变化也没有吗？”讲解员被他问住了，此后他确立了一个目标：一定要解开这个疑团，解决这个难题。为此，他坚持几十年如一日，全身心研究这个问题，最后找出了两种可以作为标准衡量器材的材料，并获得了诺贝尔物理学奖。

目标是自控力的重要动力来源。灵魂如果没有确定的目标，它就会丧失自己。拿破仑也曾有言：“如果一个人不知道是要往何处去的话，他是不会走得很远的。”这句透辟精警的至理名言，值得我们永远铭记于心。

任何目标都需要截止期限

我们经常问别人：“你的梦想是什么？”我们经常也被别人问起这个问题，说到梦想，越是年轻人，越能侃侃而谈。然而，说到梦想的实现时，很多人就突然“哑火”了，不知道从何谈起，因为很多人不知道什么时候能够实现梦想，也没想过用多长的时间去实现自己的梦想。

≫ 瘸子般的行走

很多人都知道目标的重要性，也曾经给自己设定目标，他们明白：人生没有目标，哪里都去不了。可问题是，有了目标就意味着可以去往任何目的地吗？我看未必。在童话故事里，有这样一段对话，说明了只有目标是远远不够的。

艾丽斯：“请告诉我，去安托克斯山要多久？”

猫说：“那要看你希望多久到达那里。”

艾丽斯：“按正常的速度多久能到那里？”

猫说：“那要看你希望多久到达那里。”

如果你有目标、有方向，却没有设定完成该目标的时间期限，那么，你何时能完成可能就是个谜。著名华人成功学家成安之曾经说过：“没有期限的梦想，永远只是一个梦。”他告诉我们，为自己的梦想、目标设立期限是多么的重要。

在接受咨询时，当我问咨询者希望多久能完成目标时，他们的回答是："没想过，我感觉时间应该不短。"我再问他们："不短是多久？具体到多少天？"对方无言以对。

很多人懂得目标的重要性，却忘记了另一件重要的事情，那就是给目标设定"截止期限"。例如，你要做一件事，希望多久做完呢？只有设定了截止期限，你才会有紧迫感，才会奋力向前，而不是慢慢悠悠、拖拖拉拉，今天做一点，明天做一点，白白耗费时间。

如果说目标是一个人前进的一条腿，那么，截止期限就是另一条腿。如果你只有目标，而没有截止期限，那么你就像一个瘸子，无论你的目标多么清晰，你前行的速度也无法快起来。试问，你希望像瘸子那样前行吗？如果不想，那就记得在每次设定目标之后，给自己一个截止期限，规定自己在这个时间内完成。

≫ 表意识 VS 潜意识

畅销书《态度决定一切》的作者，美国著名作家罗曼·W·皮尔曾经历过这样一件事：

有一次，皮尔在高尔夫球场打球，把一个球打进了杂草区。有个青年正好在那里清扫落叶，就和他一块儿去杂草区找球。在这个过程中，他犹豫地对皮尔说："皮尔先生，我想找个时间向你请教一些问题。"

"没问题的，你想什么时候呢？"皮尔问道。

"哦！什么时候都可以。"青年似乎颇为意外。

"像你这样说，你永远都没有机会。这样吧，30 分钟后，在第十八洞见面谈吧！"皮儿说道。

在任何时候，做正确的事情是非常重要的，但也要给这件事情设定一个截止期限，你不能想做多久就做多久。如果你缺乏时间观念，缺乏紧迫感，那么等你做好这件事情的时候，你所付出的时间成本已经非常高昂了，你所做的这件事情已经没有什么特别的意义了。

俗话说：“马越骑越快，人越逼越勇。”设立了截止期限，你自然会产生紧迫感。与此同时，你会自动地开始接受大脑的目标指令，并自动执行。你的头脑会酝酿达成目标的计划和方案，这会促使你高效地完成目标。这就是潜意识的力量。

人有两种意识：一种是表意识，一种是潜意识。表意识负责传达指令，潜意识负责执行，把指令变成现实。人类的潜意识是与宇宙自然无边的信息与资源相通的，拥有巨大的能量，它可以帮你达成任何切合实际的目标。

如果你没有设定期限，潜意识便不知道表意识何时要它完成任务，也就无从着手。就像老板吩咐你去做一件事，而没有规定你什么时间完成一样，你可以一个小时完成，也可以一天完成，还可以三天完成，甚至可以一个星期，或者一个月完成，这就意味着完不成。即便完成了，也不是老板想要的结果。

目标有了期限之后，就能产生能量，期限就是在给你的潜意识下达最后的“通缉令”。潜意识会自动调动你身体的潜能和你拥有的一切资源，迅速达成你的目标。环顾我们身边，有很多人都深陷拖延而无法自拔，其实唯一的“解药”就是给目标设定一个明确的时间期限。

≫ 期限宜短不宜长

我曾经在大学期间，每当学期末的最后几天，才开始抓紧时间复习。虽然复习很痛苦、很疲惫，但效率却很高，在疯狂复习几天之后，终于通过了考试。在我暗自庆幸自己学习效率如此之高的同时，也免不了思考一个很多大学生都有的问题：假如我平时就这么认真地学习，就算不像学期末这几天那样疯狂，只要每天自习两个小时，到了学期末，一定能给我减少很多痛苦。

终于，在下一个学期开始后，我痛下决心：每天坚持自习两个小时。其结果是，在期末考试的前几天，我依然要花一样的精力去备考，因为很多知识点在考试前才知道是考试的重点。

后来工作了，每当到了最后一天，我往往熬夜也会完成任务，因此总觉得非常痛苦。于是，痛下决心：提前一个星期干活。结果，还是到最后一天才完成任务，还是熬夜。为什么都是一样的效果？都是在最后一天才能高效率地完成工作？

针对这种情况，我不断地反思，并搜寻相关的知识，最后总结出以下两点：

（1）期限太长，等于没有期限。有句话说得好：“一项任务，给你七天时间，你就会花七天去完成；给你一天时间，你就会花一天去完成。”尽管这句话有夸张的成分，但大致能说明一个道理，那就是期限太长，给你的潜意识输送的指令就会失去紧迫感。你的大脑总会想：哎，着什么急，反正还有很多时间，最后几天再发力也不晚。”有了这种念头之后，你的自控力就会大幅度下降，身边发生的一点点事情，都会干扰你，因为你的心本身就是浮躁的，一点动静就会让你分心，就会让你中断手中的工作。

（2）期限短一点，最好是拼一把能完成的时间期限。在这样的期限里，你会感到时间紧迫，就会高度集中注意力，并且会很清楚当下什么才是最重要的。至于其他的事情，你会统统放到一边，都为眼下的这件事情让路。而且在时间紧迫的情况下，你的判断力、专注力和挑战欲都会空前增强，所以，你才能高效地完成工作。

最后，要想建议大家的是：给目标设定期限时，期限宜短不宜长。你能三天完成的工作，不妨给自己两天半的时间期限。能一个星期完成的工作，不妨给自己五天或六天的时间期限。总之，要给自己制造紧迫感，等你完成了目标之后。你可以用“挤”出来的一天时间尽情放松。如此，不正是劳逸结合吗?

公众承诺的价值

在心理培训课上，我经常会问学员："你们的人生目标是什么？"

不少学员站起来后，羞答答地说："不好意思说，可以不说吗？"

我问他们："为什么不好意思说？"

我得到的回答是："我怕说出来最后却没有实现，大家会笑话我。"

我笑着说："这不是一件好事吗？因为你害怕大家笑话你没有实现，那么你实现了，证明自己不只是说一说，不是更好吗？"

这就是本小节要和大家分享的主题——公众承诺。所谓公众承诺，就是当众说出你的决定、想法和目标，让大家都知道，让大家成为你实现目标的监督者。由于你当众放话了，如果不实现，那么你会无颜面对大家。因此，你会迸发出强烈的动力，会产生强大的自控力，只为兑现这个承诺，既是给公众兑现，更是给自己兑现。

≫ 喊出你的决定

在世界名著《钢铁是怎样炼成的》中，有一段描写保尔·柯察金戒烟的故事：

有一次，几位年轻人在一起讨论习惯能不能改掉的问题，有人说："习惯比人厉害，养成了就改不掉，抽烟就是一例。"

保尔不同意这个观点，他说："人应该支配习惯，而不能让习惯支配人，要不然的话，岂不是要得出十分荒唐的结论吗？”

见保尔这么说，有人就挖苦他：“你算了吧，就知道吹牛皮，你明知道抽烟有害健康，为什么还没戒掉呢？”

保尔沉默了一会儿，从嘴角拿下烟卷，将其揉碎，斩钉截铁地说：“我绝不再抽烟了，我一定会改掉这个坏习惯。如果人不能改掉坏习惯，他就是毫无价值的。”

从此，保尔每当烟瘾发作时，就想到自己当众发下的誓言，这使他有更好的自控力。最后，他果然戒烟成功了。

我们都不希望自己变成一个毫无价值的人，都应该像保尔一样，当众喊出你的目标和决心，依靠公众的监督和舆论的压力，迫使自己产生自控力，跟坏习惯做斗争，最终战胜坏习惯。

美国成功学大师安东尼·罗宾曾说过：“公众承诺的效果很好，因为有很多人监督你，还有很多人心里想等着看你笑话，这样会给你很大的约束力，让你为自己说过的话负责，所以你更容易实现自己的目标。”如果你想改掉坏习惯，想养成好习惯，想实现某个目标，就不妨当众喊出你的目标，许下你的承诺，这样你的自控力和意志力将会爆棚。

曾经有个肥胖的女孩，怎么减肥也减不下去。后来，她在亲戚家办喜事期间，走到公众面前，拿起话筒，登高发言：“我想借助这个机会，向大家宣布一个我的决定：在接下来的一年内，我要减肥 30 斤，希望大家监督我，我一定会实现的。”后来，这个女孩果然做到了，她从一个肥胖者，变成了一个身材苗条的女人。

我在培训课上，也喜欢和学员做承诺，说：“未来五年，我会坚持听英语，为了证明我确实听英语了，我每天都会在微博上发表‘每日听英语’的信息，并把每天听的内容分享给大家。有了大家的监督，我坚持的动力就强大了很多。因为说出去了，好像会有很多人关注你（实际上，没有多少人特别关注你），你总不能自己打自己嘴巴。

我有一位学员，曾在课堂上当众承诺：“未来一年内，我要养成每天6点起床跑步的习惯。为了证明我每天6点起床跑步，我会发图为证。”结果，他确实这样做了，这一点从他的身材变化就能看得出来。

≫ 不断提醒自己

脑子一热，在公众面前做出承诺。承诺之后，我们是否真的能铭记这个承诺，并每天坚持去行动呢？对于这一点，我深表担忧。为了避免你把承诺忘掉了，我的建议是你要不断地提醒自己曾经的承诺。怎么提醒呢？让我们来看下面这个例子：

我有一位学员，是一家公司的总经理。在2011年的时候，他制订了一年的奋斗目标，并当着全公司的员工，进行了公众承诺：“我在2011年到2012年这一年间，将要带领团队实现销售额比上一年翻一番的目标，如果做不到，我会自我惩罚：在2012年1月1日这天早上10:00，围绕市中心裸奔一圈；如果达成目标，自我奖励——奖励自己一辆过百万的奔驰轿车。”

为了实现这个目标，他将自己的承诺书贴在床头的墙壁上，每天睡觉前看一次，起床看一次；也把承诺书贴在盥洗台上，每天洗漱的时候看一次；并且还贴在自己的办公桌上，上班的时候多看几次。每一天，他会看到很多次承诺书，他的脑海以及全身的每个细胞，都是承诺书，每天他都能充满能量和激情，努力地工作。在2011年10月20日这一天，他终于达成了目标。

人的一生是追求快乐和逃避痛苦的过程，明确了目标，并公众承诺之后，如果达成目标，那么请奖励自己，或让自己休息几天，或让自己外出旅游一趟，或给自己买个具体的东西，作为送给自己的礼物。

如果达不成目标，请记得自我惩罚，这种惩罚，最好来自于精神上，让你痛苦，让你尴尬，让你丢脸一辈子，让你成为世人的笑柄。正因为惩罚如此巨大，后果如此严重，你才会把自己逼到没有退路的境地，你不得不想尽办法去完成你的目标，于是，你的潜力就会被激发出来。

记住，公众承诺中，也许你可以没有自我奖励的机制，但切记：不要忘记附上你的自我惩罚机制。很多时候，人对快乐的追求也许不那么强烈，但在避免惩罚，尤其是精神惩罚时，却有巨大的动力。当然，如果你是一位重视金钱的人，你不妨对自己进行物质上的惩罚。比如，在公众承诺时说：“如果我达不成目标，我请大家吃三顿大餐。”然后，你害怕这样的经济损失，就会想办法止损，如此，自控力无形中就会被激发出来。

分解目标

在实现目标的路上，过大、过长的目标，往往让人无法招架。一开始也许还能兴致勃勃地行动，但过了一段时间后，积极性和信心就容易丧失。因为目标太大，就像一块大骨头，不知道从哪里开始啃；因为目标需要太长的时间去实现，不知道何时才能够达成，人的热情是很难保持的。在这种情况下，要想管住自己，要想做到自控，要想实现目标，应该怎么做呢？

≫ 化整为零的效果

心理学家曾经做过这样一个实验：

将所有的实验者分成三组，分别让他们去往十公里以外的村子。第一组人不知道村子的名字，也不知道路程有多远，只是跟着导游走。刚走出两三公里，就有人开始叫苦；走到一半时，又人愤怒地质问导游：“还有多远？这是要去哪里？”有人则抱怨为什么要走这么远，有些人干脆坐在路边不走了。越往后，大家的情绪越低落。

第二组人知道村子的名字，也知道路程有多远，但路边没有里程碑，大家只能凭经验来估计行程的时间和距离。走到一半时，有人开始叫累了；走到七八公里时，有经验的人判断道：“快到了，坚持一会儿就好了。”于是，大家又振作起来，加快了脚步。

第三组人既知道村子的名字，也知道路程有多远，而且路边每隔一公里都有里程碑。大家走了多远，还剩多远，自己心里很清楚。于是，大家在欢声笑语中行走，情绪一直很高涨，所以很快到达了目的地。

从这个实验中，心理学家得出了这样的结论："如果人的行动有明确的目标，并且能够不断地将行动与目标加以对照，那么就能很清楚自己与目标的差距，这样行动的动机就会得到维持和加强，也会自觉地克服困难，努力实现目标"。由此可见，在分解目标之后，人的自控力会得到很好的发挥，也更容易管住自己。

分解目标是一个化整为零的过程，实现目标是一个循序渐进的过程。在化整为零后，任务的难度降低了，每个任务完成的期限缩小了，完成起来就会很轻松。而每当完成一个任务，人的信心都会被强化，积极性都会被激发，如此，人就会在一种积极的态度下继续向前，这样完成的效率会大大提高。

≫ 山田本一的制胜秘诀

将一个终极目标分解成一个个小目标，再逐个攻克，从而夺取最后的胜利，在这方面，日本著名的马拉松选手山田本一的做法很值得我们学习。

1984 年，国际马拉松邀请赛在日本东京举行，名不见经传的山田本一出人意料地夺得冠军。当记者问他凭什么取胜时，他只说了一句："凭智慧战胜对手。"

两年后，山田本一再一次在国际马拉松比赛中夺魁。当记者再次邀请他分享经验时，他仍然是那句话：凭智慧战胜对手。马拉松比赛靠的是实力，为什么山田本一总是说"凭智慧战胜对手"呢？所以，对于他的回答，众人始终一头雾水，不解其意，有人甚至认为他故弄玄虚。

十年后，山田本一的谜团终于揭开了，他在自传中说："每次比赛之前，我都要乘车把比赛的线路仔细地看一遍，并把沿途比较醒目的标志画下来，比如第一个标志是银行；第二个标志是一棵大树；第三个标志是一座红房子……这样一直画到赛程的终点。比赛开始后，我就以百米的速度奋力地向第一个目标冲去，等到达第一个目标后，我又以同样的速度向第二个目标冲去。四十多公里的赛程，就被我分解成这么几个小目标轻松地跑完了。起初，我并不懂得这样的道理，我把我的目标定在四十多公里外终点线上的那面旗帜上，结果我跑到十几公里时就疲惫不堪了，我被前面那段遥远的路程给吓倒了。"

实现任何一个目标，与跑马拉松的道理都一样，在坚持不懈的过程中，我们还需发挥智慧的力量，将终极目标分解开来，每一次集中力量攻克一个小目标，最终实现这个终极目标。这就是自控的秘诀，也是成功的秘诀。

多叉树法

多年之前，我对许多优秀的成功人士进行过研究，发现他们有个共同的特点：在他们心中，有一张清晰的目标地图，他们懂得将目标分解，一步步地实现目标。他们的成功过程，就像一棵树的成长过程——从主干向上，不断地分支，最后成为一棵繁茂的大树。

1968 年，罗伯·舒乐博士下定决心，要在加州用玻璃建造一座水晶大教堂。当他把自己的想法告诉著名设计师菲利普时，菲利普问他有多少预算，他很坦诚地说："说实话，我现在一分钱都没有，所以，对我来说，100 万美元和 400 万美元并没有区别。重要的是，这座教堂本身要具有足够的吸引力，吸引捐助者的到来。"

最终，菲利普为这座教堂做出的预算是 700 万美元。这个数字不但超出了舒乐博士的承受能力，也超出了他想象的范围，其他人都对舒乐博士说："你不可能实现这个目标。"

但舒乐博士却想出了一个奇招——多叉树法，即将这 700 万美元分解开来，他在纸上写道：

为了筹集700万美元：

1. 找1笔700万美元的捐款；
2. 找7笔100万美元的捐款；
3. 找14笔50万美元的捐款；

……

9. 找700笔1万美元的捐款；
10. 卖出教堂1万扇窗户的署名权，每扇700美元。

在运用这种神奇的办法后，舒乐博士用时一年多，筹集到足够的款项。据说，最后水晶大教堂耗资2000万美元，也就是说，舒乐博士运用这种方法，筹集了2000万美元，远远超出计划的700万美元。由此可见，当你找到了实现目标的正确方法后，你的能量将会超乎你的想象。

多叉树法操作起来很简单，你可以想象有一棵大树，从树干开始，往上会有若干个分枝，再往上有更多小的分枝，每个小分枝都有更加小的树枝，直到叶子。树干就是大目标，树杈就是小目标，叶子就是更小的目标，甚至只是实现目标路上的某一件事。

将大目标做多叉树分解的技巧如下：

先写下一个大目标，然后问自己：要实现该目标的条件是什么？并列出这些条件，这是第一层树杈；再问自己，要想满足这些条件，需要什么条件。也就是，实现小目标，需要什么条件，这是第二层树杈。以此类推，直到把目标分解到很小，足够你掌控的程度。

排序的重要性

我多次在培训课堂上问大家，如果你面对一摊的工作，有轻松的，有难度较大的；有你愿意做的，有你不愿意做的，你会按照什么顺序来做呢？是按照从易到难的顺序做，还是从难到易的顺序做？每一次调查，我都发现：大多数人会按照从易到难的顺序做事。那么，我不禁要问了："这真的是一个明智的工作排序吗？"

≫ 从吃葡萄说起

我曾问一位朋友："你吃过葡萄吧，你吃葡萄的时候，会先挑最好的吃，还是先挑不好的吃，把最好的留在后面？"朋友说，他选择前者，先挑好的吃。

"先挑好的吃，是想得开的表现，那叫活在当下，享受当下，这种生活的态度值得肯定，如果放在工作上或目标的实现上来，这可能不是明智的选择。"我笑着说。

"哦，怎么说？你说给我听听！"朋友说。

"先吃好葡萄的人，越往后吃，越不开心，因为他们接下来吃的每一颗葡萄，都比上一颗葡萄味道差。这个道理很简单，一个吃惯了山珍海味的人，你让他吃粗茶淡饭，他当然吃得不开心。而先吃不好的葡萄的人，越往后吃，越开心，这就像一直吃出粗茶淡饭的人，你让他吃山珍海味，他肯定会觉得很过瘾。是不是这样呢？”

朋友笑着回答道：“嗯，可以这么理解。那与工作有什么关系呢？”

我说：“先吃好葡萄，就好比是先做一件你愿意做，或难度小的事情；先吃不好的葡萄，就是先做你不喜欢、难度大的事情，如果你总是先从简单的事情做起，就很容易形成一种恶性循环。”

“什么循环？”朋友被我的话题吸引住了，好奇地问。

“这种循环就是：由于不擅长或没有信心，就有意无意地拖延着不做，而拖延着不做，并不意味着就可以逃避，你的心里始终在惦记着这件事情，但你又没有深入地了解事情的本身，因此，无法提高自身的工作能力，最终，你会越来越不喜欢做这件事情，到最后，你只能硬着头皮去做，做出来的效果可想而知。”

朋友若有所思地点点头。

其实，根据我的工作经验，以及我对一些成功人士的了解，发现真正高效的工作方式是从难到易。而从易到难的工作排序，恰恰是效率最大的杀手。所以，聪明的话，就先从最不喜欢的工作开始。最不喜欢的工作，包括你不感兴趣的工作，还包括难度很大的工作。

比如，足球选手在日常训练中要做仰卧起坐，这可是最无聊、最枯燥的训练项目，但却是每日必须训练的项目，那些优秀的运动员往往会先做这一项，事实上它很快就会过去，他们也可以享受接下来所有的训练活动。这点小的改变，会让他们一直抱着积极的、愉快的心态对待训练。反之，如果把仰卧起坐放在最后去做，则会导致运动员一直在担心，从而使整个训练都充满压力和焦虑。所以说，先易后难会使人不知不觉变得消极，而先难后易则使人不知不觉变得积极。

≫ 一瞬间的转变

很多人都习惯于逃避自己不喜欢做、不擅长做的事情，结果使得这方面的能力越来越弱化，并且形成一种消极的惯性思维——我没兴趣，我不喜欢，我做不好这件事情。结果，越来越不喜欢做。

我的一名学员小刘曾经就是这样的人，他刚进入职场的时候，每天都为给陌生顾客打电话而抓耳挠腮，为了避免被顾客拒绝，他总是把这项工作放到最后去做。但每一天他都处于担心状态，因为他知道，即便放到最后去做，也是要做的，也是要硬着头皮上的。于是，在没做之前，他就在脑海里翻江倒海地想：顾客会怎么拒绝我呢？

一个月下来，人事部的主管找他谈话，委婉地暗示：如果下个月，他还没有业绩，将会被辞退。这让小刘有了危机感，也让他突然清醒了，如果不好好对待这份工作，他将会失去工作。回去后，他对自己的工作方式进行了反思，他决定勇敢面对自己不喜欢的事情。

第二天上班，他最先做的事情就是他最讨厌做的——给顾客打电话，虽然像往常一样，他还是不断被顾客拒绝，但由于做了该做的工作，在接下来的工作时间内，他反而一身轻松，内心没有那么大的负担。

一个星期后，小刘终于完成了一个订单，这也是他进入公司后的第一笔销售业绩。渐渐地，随着和顾客打交道越来越多，他的沟通技巧越来越好，他的业绩也有了明显的提升。慢慢地，他养成了上班第一件事就是给顾客打电话的工作习惯，就这样，他一步一个台阶，一年后，业绩遥遥领先于其他同事，并荣升为销售部门的经理。

当你主动去面对你不喜欢、你不擅长的工作时，也许你会发现：这些工作并没有你想象的那么难对付。而且如果你能将它排除，你就可以开始做愉快的那部分工作，这会让你更愿意投入到工作中，并且有着快乐的体验，从而有效地控制了拖拉。从不喜欢的工作做起，能让你变得更加自控，还能慢慢改变你对工作的看法和态度。所以，请重视工作排序，先难后易会让你发生巨变。

80/20 法则

在我们周围，很多人经常被这样的感觉困扰：好像时间永远不够用，工作永远做不完，自己永远在疲于奔命。究竟是什么原因造成这些状况的呢？

》穷忙的原因

每个人的精力都是有限的，要想同一时间兼顾所有的事情，那是不可能的。如果你什么都想做，什么都想抓，最后往往是什么都没有做好，什么都抓不到。而且你还会因此疲惫不堪，深陷忙碌之中，何苦呢？

我有一位非常上进的朋友，他的理想是成为一名优秀的记者。2013 年，他在博客里写了新年的计划，该计划一共十项，其中几项是这样写的：

每天看三本书，一年下来就能看 1095 本书；
每两天坚持看一本诗歌选集；
每三天看一本经济学著作；
每天坚持看国内外知名报纸，如《纽约时报》《国家地理》；
每天至少看一本杂志；
一周读 10 篇古文，而且要能背诵下来。

看完这个计划，我粗略地计算了一下，假设看完一本书需要 2 个小时（这个速度已经很快了），那么每天看三本书，就花去了 6 个小时。另外，每天还要看半本诗歌选集，看三分之一本经济学著作，看国内外知名报纸，一本杂志，一到两篇古文，加起来所花的时间保守估计也要 8 个小时。

我这位朋友并非一个待业在家的人，每天还要上班，还要吃喝拉撒睡，还有自己的人际交往，试问，他怎么能做到呢？他唯一能做到的恐怕只有穷忙了，这本书浅尝辄止地翻阅，那本书囫囵吞枣式地消化，如此一来，一切都在追求数量，而没有获得良好的阅读质量，这样的追求真的有意义吗？

每个人都有积极向上的追求，都有很多愿望，这种发自内心的进取心值得肯定，但每个人的精力是有限的，这一点你必须承认。要想真正在可利用的时间内，达到良好的做事效果，最好的办法就是有所取舍，所以，你必须管好自己的心愿和欲望，不要让自己在同一时间内，应付太多的事情。

其实，造成瞎忙、低效的根源是不会分配时间，不会管理工作，不懂得把主要的工作时间和精力放在最重要的工作上。如果我们懂得把 80% 的时间和精力用在 20% 的重要工作上，那么一切都会变得轻松起来。

≫ 帕累托定律

“把 80% 的时间和精力放在 20% 的重要事情上”，这就是著名“80/20 法则”的重要精髓。80/20 法则又称二八法则，也叫帕累托定律，它是 19 世纪末 20 世纪初意大利经济学家帕累托提出来的。大意是：在任何特定群体中，最重要的因素往往只占少数（大概 20%），而不重要的因素则占大多数（大概 80%）。因此，只要你控制好最重要的少数因素，就可以轻松地掌控全局。在工作上，如果你能有效地运用二八法则，将会取得意想不到的收获。

有一家咨询企业的老板名叫弗莱德，他靠咨询事业赚了数千万的财富。然而，他并非商学院出身，也没有过人的才华，但他唯一擅长的就是分配时间和精力到不同的工作上。在弗莱德的公司里，每一名员工一周的工作时间几乎都在 70 小时以上，但弗莱德却很少进公司，在工作上花的时间很少。他一般只出现在每个月的股东大会上，而且是全球股东都得参加的会议。

很多人都十分好奇：弗莱德的时间和精力都用在哪里了？答案是他用来思考，用来与公司中最重要的五个部属打交道。通过掌控这五个部属，弗莱德就能很好地掌控了整个公司的经营。这就是他的管理秘诀，也是他的成功之道。

看完弗莱德的故事，相信你已经理解了什么叫“事半功倍”，每个人都想达到这种工作效果，弗莱德则是这方面的典范。事实上，你完全不必羡慕他，因为如果你能用好二八法则，你也能达到事半功倍的工作效果。对于职场人士来说，你只需要明确哪些事情是最重要的事，哪些是琐碎的、不重要的，然后对你的工作时间做一个分配即可。

我们可以来做一道简单的数学题：

假设你每天 9:00 上班，17:00 下班。工作时间为 8 小时，扣除午餐 1 个小时，只有 7 个小时的工作时间。按照二八法则的原理，你要把其中 80% 的时间用在 20% 的重要工作上，即 7 小时 ×80%=5.6 个小时。也就是说，你每天花在 20% 的重要工作上的时间为 5.6 个小时，再用剩下的 1.4 个小时去应付无关紧要的琐事，这样你就可以在工作中游刃有余。当然，这只是一个大概的标准，还需结合每个人的工作性质和每天的具体工作量来调整。

≫ 有所取舍

事实上，运用二八法则的难点不在于如何计算时间、分配时间，而在于你首先必须找到最重要的 20% 的工作，找出决定你工作效率最关键的因素。如果你连这个都找不出来，那么分配时间将会失去意义。

我曾在一本书中看过这样一则对话：

一位小老板问一位大企业家："我怎样才能提高利润？"

企业家没有直接回答，而是反问道："你们的利润是从哪里来的？"

这是一个非常重要的答非所问，它比直接告诉对方答案更重要。因为这句反问让提问者认识到分析自己的利润来源，分析自己的客户，有多么重要。后来，这位小老板对自己的客户资料进行分类和分析，把每一个客户与他公司进行的业务往来的资料都整理了一遍，最后发现了一些重要情况：80% 的销售额来自 20% 的大客户，20% 的销售额来自于剩下的 80% 的客户。

明白了这一点之后，企业家建议小老板调整工作方向：把主要精力（80%）放在维护 20% 的大客户上，想办法从他们那里获得更多的合作机会，把 20% 的时间和精力用来维护 80% 的小客户。如果时间有限，甚至可以舍弃其中一些小客户。

看到这里，相信你已经明白了。以前我们不知道如何提高工作效率，不知道如何提高利润，症结是不知道工作效率从何而来，不知道利润从何而来。一旦你清楚了这个问题，高效率工作将会变得十分简单。所以，你要掌握的是从繁杂的工作中发现最重要的 20% 的工作。为此，你可以这样做：

（1）把所有的工作列出来，记录在你的待办事项本子上；

（2）分析这些工作的重要性、轻重缓急，考虑哪些工作对全局工作最重要；

（3）为重要的工作分配时间，剩下的时间留给不重要的工作；

（4）集中优势兵力（整块的时间），重点对付最重要的 20% 的工作。

对干扰说“NO”

在你为目标专注行动的过程中，在你聚精会神做一件事的过程中，各种各样的干扰随时可能出现。例如，一个突然的来电，一个短信通知，领导叫你，同事和你聊天等等，面对这些干扰，你能管得住自己，果断而礼貌地拒绝，专注而持续地做事吗？

我敢说，很多人做不到这一点。电话来了，肯定会立即接听；短信响了，肯定要拿起手机看一看，好奇一下到底是谁发来的短信；领导叫你，你能不过去？同事和你聊天，你不回应显得太不礼貌了。于是，你刚出现的好的工作状态一下子被中断了，等你再回到工作上，你的状态可能已经不再了，你又得继续寻找状态。你肯定为这种情况烦恼过，但究竟怎样才能拒绝干扰呢？

≫ 切断干扰路径

“小张，你帮我看看这个报表！”

“小李，给我到楼下门卫室拿个快递！”

在办公室，经常有领导或同事提出类似的要求，本来不是你分内的工作，但你总是不好意思拒绝。而外来电话的侵入，更是无孔不入。一个陌生的推销电话，一个朋友托你给他买张火车票，一位闺蜜让你给她在淘宝里买条裙子等等……每天，面对如此多的干扰时，你会不会心烦意乱呢？

在你自控力还不足以强大到不受这些干扰时，在你对自己的自控力不够自信时，我建议你先从外围入手，切断干扰路径。

什么叫切断干扰路径呢？就是从外围入手，尽量创造一个不被干扰的环境。比如，在你工作期间，手机处于关机状态；如果你因工作需要，不能关机，不妨设置成静音状态；把你的 QQ 设置成隐身状态或请勿打扰状态，再把其他社交软件都退出来。

在你座位的显眼位置挂上友好提醒牌——“正在工作，请勿打扰”，友情提示来自同事甚至是领导的打扰。当然，在你工作的间隙之间，你可以取下这个牌子，让那些有事找你商量的人明白这段时间你可以被打扰。

切断干扰路径之后，你可以抵抗很多意料之中的干扰，避免很多麻烦。当然，即便如此，你同样还会碰到突如其来的干扰，比如，不知趣的同事找你闲聊，让你帮忙，这时你可以指着办公桌上的牌子，示意他理解你；领导有重要工作交代，不得不打扰你，这是你没办法抗命的，只能接受，也就没必要抱怨什么。

≫ 两把椅子

如果切断干扰路径，还不能帮你解决频繁被干扰的问题，你就有必要采取第二个措施了，那就是委婉地拒绝，甚至是果断地拒绝。在这方面，法国著名的物理学家居里夫人就做到了极致。

虽然有人认为她做得太过了，但从专注于工作方面来讲，她的做法无可厚非。也正是因为她这样做，才能节省出很多时间，使她能够全身心地投入到物理研究上，先后获得诺贝尔物理学奖和诺贝尔化学奖。那么，她到底是怎么做的呢？

居里夫人的家里只有两把椅子，那是她和皮埃尔结婚时的嫁妆，正好每人一把椅子。有一次，皮埃尔表示家里的椅子太少了，建议再添几把椅子，以免客人来了没地方坐，那样显得不太礼貌。可是居里夫人却说："有椅子是好的，可是，客人坐下来就不走了。为了多一点时间做研究，还是算了吧！"

每当客人来访时，要不是客人站着，就是居里夫妇站着，反正总有一方要站着，站着的人和坐着的人对话，双方都会不自在。因此，客人往往说了几句，就会离开。这就是居里夫人不想增加椅子的原因，她不愿意把时间花费在琐碎的闲聊上。

两把椅子，为居里夫人减少了很多琐事的干扰，使她可以全身心地工作，将大部分的时间和精力投入到科学研究中。居里夫人曾经说过："我在生活中，永远是追求安静的工作和简单的家庭生活的。"

两把椅子代表着什么？其实代表着居里夫人拥有强大的自控力，代表着她对科学研究的态度——热爱，也代表着她对外界干扰的态度——拒绝。当然，这种拒绝的方式十分委婉，是在让客人感到不自在之后，知趣地离开。

≫ 一时一事

除了切断干扰路径，拒绝外界的干扰之后，我们还应抵制来自自身的干扰，例如，分心、情绪波动或沉浸于不作为的状态。正所谓"日防夜防，家贼难防"，很多人总是防着来自于外界的干扰因素，却忽视了对自我干扰的控制。而事实上，一个人如果不能控制好自我干扰，即便扫除了一切外界的干扰路径，置身于一个绝对不受干扰的环境中，他也很难做到专注地工作。

不知道你是否有这样的经验：早上来到办公室，你拿起一份文件，看了一会儿之后，你对文件中的某个部分不是很确定时，你的思绪不由自主地落到了另一件事上，大脑也随之开了小差。

不管第一件事情多么棘手，多么让你厌恶，或者第二件事多么让你有把握，对你多么有吸引力，你的注意力轻易地转移都是一个危险的信号。因为你把手头的工作放在一边，继续另一项工作，那么前面一项工作就积压在你的办公桌上，它不会凭空消失，也不会自动解决，终究还要你去处理。

而由于你之前在第一项工作上已经花费了时间和精力，你的突然中断，使得你后面再捡起这项工作时，你又要从头开始着手，这样会造成你的时间成本提高，影响你的工作效率。所以，建议大家不要轻易更换工作内容，而要养成一时一事的工作习惯，即在一段时间内，专注地完成一件事。

一时一事对于提高工作效率是非常管用的，不但能提高你的注意力，还能激发你的能量、激情和灵感。反之，如果你把一件事搁置一旁，只会让你的压力增加，让你的激情和灵感丧失。所以，训练自己集中精力处理一项工作，直到完成为止，将有利于自控力的提升，同时还能改掉拖延的毛病。

第三章

了解人性的弱点，你的世界将从这一刻改变

人性有很多弱点，比如爱慕虚荣、嫉妒他人、做事无法坚持、爱拖拉、爱犹豫、贪便宜、自私、狭隘、过分好奇、恐惧，等等，这些都不是什么错，只需要正确认识它们，并适当地加以控制。对待生活，我们需要有更多的耐心和期待。对待弱点，我们应该有正确的心态和自控力，绝不放纵人性的弱点，而是将它们控制在一定的范围内，远离其害。

你所炫耀的，正是你缺少的

每天，当我们打开 QQ 空间、微博、微信时，总能看到很多人晒美食、晒旅游照、晒手机、晒名牌手表、包包等。越来越多的人，喜欢与大家分享自己所拥有的东西，其中少不了炫耀的心理。关于炫耀的原因，有一项调查中，74.3% 的人认为是虚荣心作怪，66.2% 的人认为，这是炒作，20.9% 的人认为，这是在寻求自我肯定。

从马斯洛需求层级理论来看，现代人不愁吃、不愁穿，生存需求早已得到满足，大家希望获得更高层次的需求。在网上更新动态，是希望向朋友展示自己的生活，满足被关注的心理需求。通过晒照片让久未联系的老朋友、老同学找到谈资，相互了解近况，满足交往的需要，这些都无可厚非。然而，一定要掌握炫耀的尺度，炫耀过头，则后患无穷。

≫ 愚笨的兔子

有一群兔子，碰到了一个猎人。见猎人来势汹汹，兔子们吓得魂飞魄散，可唯独有一只身形健壮的兔子，似乎并不害怕，它不仅没有仓皇而逃，还龇牙咧嘴地冲着猎人示威，摆出了一副挑衅的样子。

猎人一开始很高兴，心想：既然你不跑，那我就一箭射中你。可没想到，他的第一支箭射出之后，兔子灵巧地躲过了猎人射出的箭。猎人不甘心，又连续射出几支箭，但都被兔子躲开了。

兔子十分得意，在猎人身边不停地奔跳，似乎在讽刺猎人无能，炫耀自己的本领。猎人恼羞成怒，一气之下射出多支箭，终于射中了那只自以为是的兔子。

有句话说得好："聪明人不炫耀，傻瓜才会呱呱叫。"炫耀是一种冒险，有时候冒的是生命危险，所以，聪明的人不会炫耀，而是懂得藏拙。

兔子不是死于灵巧，而是死于本性的弱点——爱炫耀。很多人就像兔子一样，有自己的过人之处，有别人无法企及的地方，但如果就因此骄傲自满，张扬炫耀，只会引来"聪明反被聪明误"的悲剧。

炫耀招来反感

有些人处处不受别人欢迎，你不妨仔细观察一下，也许他们身上就有爱炫耀的毛病。为什么爱炫耀不受人欢迎呢？其实，这非常容易理解，我们可以站在别人的角度来思考。

每个人都需要一种被重视、被认可的感觉，当你在别人面前炫耀时，会让对方产生或多或少的自卑感、不愉快感，给别人带去压迫感。这种压迫感会严重伤害别人的自尊心，让人不由自主地心生反感和怨恨。为了消除这种不舒服的感觉，人们往往会对你避而远之。

有一位年轻姑娘，经人介绍找我咨询心理问题。经她讲述，我了解到她从小养尊处优，父母是商人，家境富裕。大学毕业后，她被爸爸安排到集团公司的财务部上班。每天上班，她总是穿着一身名牌，挎着知名品牌的包包，带着价值不菲的手表、首饰，珠光宝气地在同事面前招摇，非常引人注目。

有一次，女孩看见一位年龄和自己差不多的女同事的外套下摆处脱线了，便不假思索地说："你的衣服穿了几年了？都破了，该换一件了。"女同事听后一脸尴尬地说："没有破吧，只是脱线了，缝一缝就好了，没

必要换。”女孩却傲慢地说：“我的衣服都是大牌子，只要脱线了，我就不穿了。”

还有一次，同事们外出旅游，席间，大家聊起买房难的话题，话语间都在抱怨房价太高。女孩听了之后，不屑地说：“我真不知道你们在抱怨什么，有钱就买，没钱就不买，就这么简单的问题，何苦没完没了地说呢？我从来不会为这样的事情烦恼，我家在北京最繁华的地方有三套房子，我从来都不操心住房的问题。”大家听到她这番话，一个个默默不语，脸上写满了厌恶和不快。

在咨询中，女孩烦恼地问我：“我发现自己没有朋友，同事们好像都躲着我，对我态度极为冷漠。虽然我很有钱，但是我不快乐，我不知道自己到底做错了什么。”

我对她说：“其实你只要想一想平时是怎样对别人说话的，就能找到问题的源头了。记住，聪明人不炫耀自己，不张扬自己，因为一旦炫耀、张扬，就很容易引起别人的羡慕、嫉妒和恨，所以，我建议你从今天开始，收起你的奢侈品，放低姿态，保持低调，融入大家的生活中，说话的时候，记得换位思考一下，如果别人用你这样的口吻对你说话，你会不会感到愉快呢？”

女孩听了我的建议，若有所思起来。

≫ 炫耀的，正是你缺少的

有些人认为，炫耀是自我展现的一种方式，借此来证明自己的能耐和价值。殊不知，这是对自我展示的浅薄认知，是对炫耀的误解。

其实，一个人所选炫耀的，正是他所缺少的。比如，有些人晒名牌手表、包包等，他们缺少的不是物质，而是自信心。因为缺少自信心，所以，他们要通过炫耀物质，来证明自己会赚钱及富有，以提升自己的价值。

再看看珍珠，其价值远不在于璀璨的外表，而在于深埋于水底，藏于河蚌之中的晶莹剔透。珍珠不炫耀自己，但并不能抹杀它的价值。

炫耀并非一无是处，它就像一把双刃剑，适度的炫耀，可以让人获得自信，可以提升自己的形象，给人留下好的印象。但过度的炫耀，则走向了反面，会使我们陷入虚荣和妄想，并且于无形中激起别人的反感。

要想走出炫耀的心里怪圈，一定要学会接纳自己，用正确的方式获得自我满足感。如果你对自己不够自信，那么，不妨多读书、多学习，不断提升自己的能力；如果你有能力，可以在工作中，在解决困难的时候尽情地展现自己，这才叫魅力，才叫精神富足，才能赢得他人的钦佩，并且让你获得真正的快乐。

嫉妒效应，人为什么会羡慕、嫉妒、恨

在各种情绪体验中，嫉妒并不能带给我们愉快，而且不会带给我们任何长期的或短期的好处，我们也羞于承认自己有嫉妒之心。然而，令人不解的是，为什么我们还那么容易羡慕、嫉妒、恨呢？

在一项针对学生嫉妒心理的试验中，研究人员发现：学生们往往更注意能让他们产生嫉妒心的信息，也能记忆起更多关于它们的细节。对此，研究人员得出一个结论：嫉妒能引发大脑产生一连串高效的认知活动过程。可见，嫉妒并非是一无是处的丑陋行为。那么，嫉妒到底是善还是恶呢？

≫ 善恶之说

凡事都有两面性，过度与不足，就是两个极端。所以，嫉妒也是有善与恶之分的。荷兰心理学家尼尔斯·范德温就把嫉妒分为两类：一类是善意的，一类是恶意的。

善意的嫉妒，对人产生激励，使人受到鞭策，从而学习模仿嫉妒的对象，以提高自身。恶意的嫉妒，则是使人想方设法发现对方的弱点，想把对方拉到和自己相同的水平。善意的嫉妒使人心胸宽广，而且斗志昂扬；恶意的嫉妒则使人目光狭隘，充满怨恨。

关注那些令我们嫉妒的人，可能会让我们找到提高自己的办法，或发现对方存在的弱点，找到将他拉到和自己相同的水平的办法，再用丰富的

经验战胜对方。尽管这种做法并不光明磊落，但在人类长久的发展历史中，在资源和地位竞争中，这种心理也有管用的时候。

当然，不管你的嫉妒行为被冠以善意还是恶意之名，嫉妒都会消耗我们宝贵的心理资源。美国德克萨斯州的研究人员曾做过一项实验：一些学生在观看某个有钱有魅力的同龄人的报道，之后对这些学生进行一些困难的文字解谜测试。结果发现，与没有观看这则报道的学生相比，他们在被唤起了嫉妒情感之后，更快地解出了这些谜题。

诚然，嫉妒能使人思维更加敏捷，还能提升记忆力，但同时也会损耗精力和能量，使人活得疲惫。所以，一定要将嫉妒之心控制在一个合理的范围内，不让嫉妒之心任意滋长，避免深受其害。

≫ 性别差异

为了寻找嫉妒与进化的关联，美国希尔博士曾与她的同事观察实验中的男性和女性照片的不同反应。他们发现，女性更容易对外形靓丽的同性产生嫉妒之心。这与进化心理学家的理论不谋而合。

要知道，外表对于女性繁衍后代有十分重要的影响。在现代社会中，男人繁衍后代更重要的因素是财富。在实验中，男人和女人对财富都有着强烈的渴望，渴望程度相当，并没有明显的差别。女人嫉妒一个开奔驰的女人的程度，与男人嫉妒一个开奔驰的男人的程度是一样的。

也许有人认为，随着妇女的解放，女人更多地投入到工作中，才使得金钱对女人和男人同等重要；又或许因为金钱可以购买很多物品。因此，金钱对男人和对女人具有同样大的吸引力。正如希尔博士说的那样：“女人和男人都看重财富和金钱，并不是特别意外的事情，毕竟，不管是从进化论的观点，还是从其他角度，如果女性对某种东西不感兴趣，男人也不会去拼命地争取。”

≫ 消除恶意的嫉妒

关于嫉妒，带给人们不良影响的，往往是恶意的嫉妒，是那种损人不利己的嫉妒行为。下面的小故事，就是对恶意嫉妒心的最好诠释，它告诉我们——不怀好意的嫉妒之心和行为，最终是害人害己。

雨衣是雨伞的好朋友。每当下雨天，雨伞就会得到主人的重用。因此，它过得很开心。可是好景不长，有一段时间总是下大雨，主人出门时总是穿着雨衣，这让雨伞非常失落。渐渐地，雨伞对雨衣的好感被嫉妒取代。

一天，雨衣从外面回来，舒服地躺在一边睡觉。雨伞觉得机会来了，就悄悄地来到雨衣旁，用雨伞的尖部将雨衣扎了一个大洞。干完这一切，雨伞满意地回到了角落。

又是一个雨天，当主人拿出雨衣时，发现有个破洞，于是，他拿来一把剪刀，在雨伞上剪下一块雨布，缝在了雨衣上。由于主人手巧，这块补丁变成了一朵美丽的花，成了雨衣的亮点。而雨伞则被丢弃在垃圾箱中，任凭它怎么哭泣，都没有人理睬它。

从这个故事中，你会发现恶意的嫉妒之心有以下几个特点：

（1）不能接受别人比自己出色，不能接受别人比自己受重视；

（2）用不正当的行为，阻止别人成为出色者，想尽办法抹黑别人；

（3）暗中坑害别人，却不能带给自己实际的好处，如不能提高自己，唯一带给自己的好处就是，能让自己获得一种自欺欺人的良好感觉。

妒忌之心带给嫉妒者的痛苦，比任何痛苦都大，因为他们既要为别人的幸福而痛苦，又要为自己的不幸而痛苦，每天都生活在忐忑不安中。因此，如果你想过得快乐，一定要及早消除恶意的嫉妒之心。

生活中，因为嫉妒引而发的背后使坏的行为，是典型的损人不利己的行为。所以，我们一定要管住自己的心灵与行为，不做如此下作的事；我

们应该开阔心胸，看问题要想开一些；别人的出色，别人的优越，别人的成功，那都是别人的，与我们无关。如果我们愿意欣赏和关注，那就多欣赏几眼，多关注一下。如果别人的出色、优越、成功，让我们心里不痛快，那么我们就别去关注他。

当嫉妒之心萌发时，我们有必要提醒自己："我嫉妒别人，对我有好处吗？对别人有坏处吗？会影响别人继续出色吗？"很显然，这几个问题的答案会告诉你怎样做才是理智的。最后，如果你愿意的话，完全可以向嫉妒对象学习，只有学习才能缩小与他们的差距，只有学习才能实现赶超。

三分钟热度

做什么事情都是一时兴起，没做多久就打蔫儿：做这件事情沉不住气，做那件事情漫不经心；别人跟他讲话，一开始他也在听，但没多久他的心就不知飞到哪里去了……这就是我们常说的“三分钟热度”。也许你也有过类似的感受，可你知道吗？这正是注意力不集中、不能持久的典型特征。

从现代医学角度分析，注意力不集中、不能持久是由于大脑分泌的褪黑激素过多所致。这种激素可诱使人睡眠，使人意志消沉，注意力分散。当一个人精神上承受较大的压力，或日照时间减少时，也会导致褪黑激素的过多分泌，从而使人的甲状腺素和肾上腺素分泌受到抑制，于是导致人的内分泌紊乱，从而降低注意力的集中度和持久度。

所以，改正三分钟热度的毛病，还需从生理上进行调整，例如，适当地放松和休息，保证充沛的精力。当然，三分钟热度的根本原因不是压力过大、休息不好导致的。所以，还需加强意志力锻炼，用目标和坚持来管住自己。

≫ 根本原因

为什么你的计划不能善始善终？为什么昨天刚设定的目标，今天就被你抛弃了呢？生活中，不少人在做计划时心潮澎湃，好像明天就能达成计

划一样，满心的欢喜。可是，计划执行几天之后，就慢慢被搁置，被遗忘，最后成了一个泡影。

关于这个问题，不少人前来咨询过我，在为他们解决这个问题之前，我首先会讲一个小故事。从这个故事里，你可以看到自己，明白自己是如何心猿意马的，是如何放弃目标和计划的。

故事的主角是你，你是一名上班族，当前的工作和上司让你备受折磨，你的工作状态很糟糕。所以，你正考虑换一份工作。这几天，下班之后你在网上寻找招聘信息，并发现了几分符合你期望的工作，你认为这些工作可以实现你的自我价值。于是，你的目标是得到这几份工作中的一份，为此你信心满满，可是……

当前的工作让你很忙碌，虽然你的工作状态不佳，但收入还不错。加上家庭的琐事，你甚至都没有时间和家人去旅游，没有时间关注金融投资产品。所以，你对自己说："要不先这样吧，等过段时间再换工作。"

之后，你突然想起很久之前就想上的一堂培训课，这么一来，报名这堂课和上课，又是一大笔的时间和经济开销。这些事情让你没有空余时间去参加工作面试。于是，一个月就过去了，你已经忘记当初换工作的想法，而是开始计划上这个培训课，你对自己说："这个选择很不错嘛！"

不巧的是，正当你准备报这个培训课时，家里出了一些事情，你的计划被打乱了。结果，你没有报这个培训班。你转念一想：不报也行，在网上搜一搜视频和网页，自学也一样可以提升自己，干嘛花那个报名费呢。

当你在网上自学时，时不时的琐事总是干扰着你，最后，在不知不觉中，你就放弃了自学的目标。半年后，你又产生了换一份工作的念头，只是这仅仅是个念头，而没有成为你计划中的一项，更没有成为你执行的目标。

为什么一个又一个想法，一个又一个目标，最终都成为了泡影呢？其实，从根本上来说，导致这种三分钟热度现象出现的原因，就是我们缺乏

对目标的承诺与履行。尽管在日常生活中，很多人喜欢设定目标，但最终达成目标的却是少数。所以，我们应该对目标有所承诺，并落实到行动中去。

≫ 认清现实

从上述的故事中，可以看到对未来的幻想，在你想改变生活现状中，所产生的消极影响。关于这个问题，美国心理学家曾做过一系列关于幻想的心理学实验。其中的一个实验，可以帮助我们更好地认清现实。

在该项试验中，研究者将 136 名参与者分为三组，并让每一组成员在解决问题时，以下列三种思考方式中的一种进行思考。三种思考方式如下：

第一种思考方式：积极思考模式，即解决问题时仅从积极的方面来设想。

第二种思考方式：消极思考模式，即解决问题时只考虑现实的困难。

第三种思考方式：对比考虑模式，即先对问题的解决抱着积极地设想，然后从现实角度出发，考虑实际的困难。这组参与者被要求“认清现实”，即考虑解决问题所面临的积极的和消极的因素，而不是对现实抱着不切实际的幻想。

实验结果表明：第三种思考方式在促使人们形成计划和按照计划达成目标上，比其他两组更有效率。不过，这里有一个重要的前提，那就是当事者必须具有强烈的达成目标的愿望。如果当事者达成目标的愿望比较低，那么他们往往很难制订计划，并最终履行计划，达成目标。

这个实验表明：在心理上进行对照比较，考虑积极因素和消极因素的人，更容易为达成目标而采取实际的行动，而且实验中再次证明了目标的最终达成，与当事者达成目标的愿望的强烈程度有很大关系。因此，对比考虑方式（认清现实的思考方式），也被称为最难的思考方式。

难度何在

认清现实的操作步骤看似容易，但研究结果表明，我们很容易错误地估计一个目标的实现难度。具体步骤是：

对未来抱有积极的幻想 → 考虑现实的难度 → 区分幻想与现实的差别

为什么认清现实很难呢？因为在认清现实时，要对比积极与消极两方面的因素，要区分现实与想象的差距，这就很容易给我们带来矛盾感。有了这种矛盾感之后，我们就会采取各种各样的措施，以避免这种感觉的发生。而当我们发现，自己的想法与行动无法达成一致时，在心理上就会感到不属实、不愉快，这在心理学上叫“认知失调”。

毕竟，想象与现实是有差距的，而这一点我们能够轻松的认识到。很多咨询者对我说，想象是美好的，做计划的时候是激情澎湃的，可是回到现实中，我们要想实现一个目标，可能要做很多努力。更让人难以接受的是，有时候我们付出了很多努力，却不得不接受一个不如意的结果——目标无法实现。

认清现实很难，还有另一个原因，那就是我们难以从一种欢乐的情绪中转移出来。比如，你在幻想某个愿望和目标时，你的情绪是积极的、欢乐的，当你不得不考虑现实难度时，你就会转入消极的情绪中来。同样，一旦你产生了消极的想法，就很难从这种想法中抽身而出，去考虑积极的因素。

理智选择

正确地认清现实的过程，就是我们强迫自己做出决定的过程。通常来

说，我们喜欢停留在对未来的幻想中，而不喜欢做出决定，因为这样不用顾虑失败的可能，不用考虑失败以后的事情。

认清现实的过程，让你在设定目标时，一次又一次地问自己："这个目标是否是我非常渴望达成的？"如果答案是否定的，那么你就应该转移注意力，去考虑其他目标。如果你确定这个目标就是你渴望的，那么，你应该在思想和行为上保持一致，专注于目标并付出行动。

在这里，需要提醒的是：不妨想象一下，当你错误地选择目标，而且无法达成目标时，你内心的后悔感觉。无论是认知上，还是情绪上，决定做一件事情，这本身就是有风险的。所以，千万别纠缠于一个不明确的目标，而应该理智地思考，理智地决定。

过度理由效应，人对自己总是最宽容

不知道你是否发现，我们在失败的时候，在被批评的时候，在放任自己行为的时候，都能找到自我安慰的理由，我们对自己总是那么宽容，总能不断迁就自己那颗爱放纵的心。

≫ 永远都有理由

做一件事失败了，我们会想："哦，这不是我的错，而是因为这件事情本身太难了，换作别人来做，也不会成功的。"当被批评时，我们会说："哦，真的不是我的问题，我本来想……没想到……我也不是有意的。"当正准备工作时，朋友打电话来，叫我们出去聚一聚，我们会想："好吧，朋友的邀请我不能拒绝，工作改天再做吧，急什么。"

看到了吗？我们永远都有理由为自己辩护，而且这些理由看起来是那么合情合理，让我们不得不被自己放纵的心说服，去做一些本来不应该做的事情。这在心理学上就叫"过度理由效应"。

在一次又一次宽容自己、迁就自己之后，我们就慢慢养成了拖延的习惯，该按时完成的工作完不成；慢慢养成了爱找借口的毛病，明明有错还死不承认；慢慢养成了爱推卸责任的陋习，明明责任在我们，却不愿意去承担。

我曾经有这样一位同事：领导给他安排工作时，他总是推卸责任，不

服从工作安排，或者挑轻怕重；上班迟到了，还有一堆的理由，如路上堵车、闹钟没响、感冒了，身体不舒服等，说这些理由时还理直气壮；工作中出了差错，他会想方设法地为自己开脱。他给大家的印象是：全世界都有错，就他没有错。

在一次次迁就自己的臭毛病之后，老板对他终于忍无可忍，将他扫地出门了。那天，他找我诉苦，说公司忘恩负义，老板不仁不义，他早就不想在这个家公司干了。我苦笑地对他说："既然你想得这么开，就不要难过了。"

对于他的问题，我没办法直接指出来，因为我知道，如果我指出他的问题，他肯定会找很多理由来反驳我，证明他自己是不存在这些问题的。在我看来，他是一个宽容的人，可惜他只宽容自己，而不宽容别人。

其实，在我们身边，包括你和我，都有不同程度的这种毛病。在生活中，我们难免会摔跤，难免会碰壁，适当地为自己找理由，进行自我安慰，这无可厚非。但是，我们不能过分地找理由来为自己开脱，否则，只会助长自己的弱点，使自己难以成事。

≫ 不迁就自己

我认识一位老师，他说每天深夜回家，还会打开电脑，回复网友的帖子。结束了一天的劳累奔波，本来应该好好休息，却能坚持抽出时间阅读网友的帖子，回复网友的提问。当我劝他注意身体、早点休息时，他是这样说的："是的，我也很想早点休息，但我得看完10个帖子，这是我对自己的要求，我不能迁就自己。"

"不能迁就自己"，其实他的意思是不能放任自己，不能想休息就去休息，想干嘛就干嘛，而是要坚持做好自己认定的事情。这种自我要求是难能可贵的。成功人士之所以成功，不就得益于此吗？那种为了目标，坚

定不移地行动，遇到困难和干扰时，依然能坚持做自己该做的，这种优秀的习惯是取得成功不可缺少的。

后来，我在心理咨询中，经常把这个故事讲给咨询者听，告诉他们：“既然有了目标，就要毫不迟疑地坚持下去，不管前进的道路上有荆棘还是泥泞，都要告诉自己：绝不迁就自己。每天要求自己做好相应的工作，坚持下去，就会成功。”

≫ 对自己“狠”一点

如果说，不迁就自己只是过度理由者向正面迈进一小步，那么，对自己“狠”一点则是向正面迈进一大步。当你观察那些优秀的成功人士，会发现他们绝不是不迁就自己那么简单，而是从内心迸发出一种强烈的自我管理、自我磨炼的勇气，敢于对自己下“狠”要求，以激发自己的潜能。

格力电器董事长兼总裁董明珠，在刚入格力时，她只是一名业务员，对于空调方面的知识根本不清楚。对她来说，最不能接受的是上一任业务员留下了一笔 40 万元的债务。她在公司的安排下，每天去讨债。董明珠说：“我今天接替她的位置，就要对企业负责。”这是董明珠接到任务后说的话。

从那以后，那位债务人（一家企业的老板）去哪儿，董明珠就跟到哪儿，最后对方同意用产品（空调）抵债，让她去拿货。可是，当董明珠去拿货时，对方又不见了，于是董明珠找他的员工，动之以情，晓之以理，最后员工们很感动，告诉董明珠：“老板一来，我就偷偷通知你。”就这样，董明珠终于拿到了货物。

拿到货物离开时，在车子发动的那一刻，董明珠对那位老板说：“我一辈子都不会和你做生意。”因为追债太难了。然而，很多人不理解董明珠，认为这不是个人的债务，她为什么那么执着地追债。而董明珠则表示，她是个有原则的人，身为员工，就要对企业负责，正是这股狠劲儿，促使

董明珠在追债道路上坚持到底，获得最终的胜利。也是这股狠劲儿，让董明珠在后来的事业中步步高升，最终成为格力空调的董事长兼总裁。

对自己“狠”一点，不是折磨自己，而是磨炼自己，锻炼自己。在艰苦攻关的过程中，人的耐心、意志力都能得到培养，人的潜能也会得到激发，这会让一个人变得更出色。很多人觉得自己很普通，并不是因为他们不能成为优秀者，而是因为他们对自己太仁慈、太迁就，从来没有对自己“狠”一点，没有逼自己强大。

贪便宜心理，9.9 元比 10 元更便宜吗

有一个人性的弱点，是很多人都具有的，但又是大家不愿意承认的，那就是贪便宜心理。具有这种心理的人，有较为强烈的占有欲，这种欲望在每次占到便宜之后便会获得相应的满足感。适度的贪便宜心里是正常的，但如果这种欲望不加以控制，让其肆意膨胀，就会影响朋友、同事、亲戚以及与周围人的关系。不仅如此，实践还证明，喜欢贪图小便宜的人，往往会丧失占大便宜的机会，甚至上当受骗。

≫ “便宜”与“贪便宜”

说到贪便宜时，很多人会将其与“便宜”混为一谈，尤其是在购买东西的时候，会受到“便宜”这两个字的影响，而觉得自己占到了便宜。殊不知，事实上是中了商家的营销圈套。

古代有一家卖衣服的店铺，店铺里有一件珍贵的貂皮大衣，由于售价太高，一直无人问津。后来，店里来了一个新伙计，它发现这件貂皮大衣放了很久也没卖出去，于是他想了一个办法，表示可以在几天之内将它卖掉。老板虽然不相信，但愿意给伙计一个证明的机会。

伙计对老板说，要想卖出这件貂皮大衣，还需要他的配合。伙计的要求很简单，那就是不管谁来问这件貂皮大衣，一定要说九百两银子，而实际上这件大衣售价是六百两银子。二人商量好之后，老板就在后堂算账，

伙计在店里招呼客人。

这天下午，店里来了一位妇人，她在店里转悠一圈后，发现了那件貂皮大衣，于是问伙计："那件衣服卖多少钱？"伙计假装没有听见，而是自顾自地忙着，妇人提高嗓门又问了一遍，伙计这才如梦方醒。他对妇人说："我是新来的伙计，耳朵不好使，这件衣服我也不知道卖多少钱，我先问一下老板。"说着他就冲后堂大喊："老板，那件貂皮大衣卖多少钱？"

老板大声说："九百两银子。"

"多少钱？"伙计又问了一遍。

"九百！"

声音很大，妇人听得清清楚楚，她觉得太贵了，原本不打算买了，没想到伙计对妇人说："老板说了，六百两银子。"

妇人马上欣喜起来，他认为肯定是伙计听错了，自己少花三百两银子就能买到这件衣服，于是很爽快地买下了这件衣服。买完之后，马上就匆匆地离开了。就这样，伙计轻松地卖掉了那件昂贵的貂皮大衣。

那件貂皮大衣便宜吗？一点都不便宜，原来卖六百两银子，现在还是卖六百两银子，可是给妇人的感觉是便宜了，从九百两银子直降至六百两银子，这种感觉就是"便宜"，就是占到了便宜。然而，实际上她并未占到便宜。

在销售领域流传着这样一句话："客户要的不是便宜，而是要感觉占了便宜。"一旦客户感觉占了便宜，就很容易接受你的产品。这是对营销人员来说的，但对我们来说，为了不掉进别人设置的推销"陷阱"，就必须要管住占便宜的心理，不要轻信所谓的"降价""打折"等促销活动，也许商家在促销、打折之前，已经提高了原来的售价了。所以，了解清楚实际情况，才能避免被忽悠。

≫ 贪便宜的代价

当今社会，追求成功少不了良好的人际关系。如果没有好的人际关系，就会失去很多成功的机会。而良好的人际关系是需要主动付出的，付出意味着放弃，意味着给别人便利、好处，让别人感到愉快。这些小小的要求，对于喜欢贪便宜的人来说，简直难如登天。对于喜欢贪便宜的人，由于视野不够宽广，心胸不够开阔，就很容易盯着当前的小便宜“这块肉”，从而看不到将来有更多的“肉”。

如果你身边有爱贪便宜的人，会发现他们有这样一个特点：总是想方设法占别人的小便宜。比如，和别人一起吃饭，他们总喜欢要小聪明，逃避埋单，而让别人埋单；和朋友一起打车，总是找借口没有零钱，或者忘了带钱，让朋友付钱。这种人，表面上看是占了不少便宜，但他们的行为却让身边的人反感他、讨厌他，人际关系自然就差了，当他们真正需要别人帮忙时，很可能就没有人愿意帮他们了。

大自然的规律讲究的是平衡，既然你占了小便宜，就很难有机会占大便宜。目光短浅的人，就喜欢占小便宜，而忘了大便宜。不管在生活中，还是在工作中，我们都应该明白平衡的道理。在职场上，有些人什么事都爱和别人争，表面上看是争到了胜利，但无意中却得罪了别人，到了关键时刻就可能吃大亏。有些人喜欢抢功，喜欢推卸责任，就会给上司留下不好的印象，等到了晋升、加薪的时候，可能就没他们的机会了。

所以，面对小便宜的时候，切不可放任自己“贪便宜”的心理，而应该管住自己，不去争，不去抢，不怕吃亏，舍得放下眼前的小便宜，有理也要让三分，给人留下好的印象，将来才有可能得到大便宜。从经济学上说，这种交换才是最大的便宜，这样的交换才更有意义。

≫ “三问”自己

一个爱贪便宜的人，往往把过多的精力放在琐碎的事情上，长此以往，就会使心胸变得狭窄，难有作为。所以，如何管好一颗爱贪小便宜的心，是一个值得深思的问题。对于这个问题，我的建议是三问自己。

一问自己：“天上会掉馅饼吗？”面对小便宜，面对诱惑时，一定不能头脑发热和一时冲动，此刻不妨问自己：“天上会掉馅饼吗？”分析诱惑里面是否有陷阱，如果分辨不出来，你可以和见多识广的人商量，切记一句话：“天上不会掉馅饼，掉下来的往往是陷阱。”

二问自己：“这真是我需要的吗？”对于一些可以占到的小便宜，你有必要问自己：“这是我需要的吗？还是只因为便宜？”通常我们会因为冲动，而不是因为真的需要而购买。比如，面对打折商品时，是真的因为需要这个商品，还是只因为它便宜，觉得买下来就占到便宜了。

三问自己：“为了占这个便宜，我会付出怎样的代价？”试想一下，当你以一个非常便宜的价格购买一些商品时，你可能承受哪些代价呢？比如，等待的时间（排队）、被骗的可能、假冒伪劣的风险，有时还要违背自己的良心（填写问卷调查时，做出违心的评论）等，这真的值得吗？

如果每次面对小便宜时，你能问自己以上三个问题，并仔细地思考，我相信理智一定能战胜你的冲动和贪便宜的心理。这样，你就很容易管住自己的心理弱点。

认清好奇心

好奇是人类的天性，谁的一生中没有好奇的事情和行为？甚至人类的发展和进步，都离不开好奇心的驱使。许多发明和创造的诞生，并不是发明者为了满足自己的荣誉和财富，而是为了满足自己的好奇心，只不过客观上给人类带来了技术的进步。在生活和工作中，适当的好奇心往往是我们了解事物和他人的重要驱动力，但一定要把好奇心控制在合适的范围，过度的好奇、什么都想知道，反而会成为你的“弱点”，给你带来麻烦。

≫ 好奇害死猫

英格兰作家阿加莎曾在 1973 年写过一部名为《命运之门》的小说，在该部作品中，有一句话成了日后广为流传的名言，这句话叫“好奇害死猫（Curiosity killed the cat）”。在西方的传说中，猫有九条命，怎么都不会死去，但为什么最后猫却死了，而且是死于好奇心呢？这足以证明过分的好奇心是多么的可怕。

在日常生活中，当人们说“好奇害死猫”时，并不说好奇心真的把猫杀死了，而是说好奇心可能给自己带来麻烦，甚至可能会导致丧命。在这方面，就有一个很典型的悲剧性案例：

2010 年 3 月 23 日，在俄罗斯阿斯特拉罕市举行的一场婚礼上，新郎的一位好朋友为了给婚礼助兴，竟然掏出一把手枪大玩“俄罗斯轮盘赌”，

该游戏的规则很简单：在左轮手枪的六个弹槽中放入一颗或多颗子弹，任意旋转转轮之后，关上转轮。游戏的参加者轮流把手枪对着自己的头，扣动扳机。中枪的当然是自动退出，怯场的也为输，坚持到最后的就是胜者。旁观的赌博者，则对参加者的性命压上赌注。

在众人的尖叫和欢呼声中，有一名鲁莽的年轻人也好奇地想过一把赌命的瘾。只见他夺过手枪，对着自己的脑袋扣动扳机，不幸的事情发生了，他的脑袋被瞬间打爆。当时正在拍摄婚礼画面的摄影师用摄像机记录了这一恐怖事件的全过程。

据那名新郎的好友辩解称，他在表演“俄罗斯轮盘赌”之前，已经取出了手枪里的所有子弹，只是不知何故子弹又被人放进了枪里。

看到这个悲剧事件后，你还敢轻易好奇、尝鲜吗？面对如此危险的游戏时，那名年轻人应该管住自己，控制住自己求新、求奇的好奇之心。可是他被当时的气氛影响了，在大家的尖叫与欢呼声中，激动得忘乎所以，结果向自己扣动了扳机，葬送了年轻的生命。这就告诉我们，有些事情我们不应该对它有好奇，即便有好奇，也应该明确什么样的行为可以有，什么样的行为不应该有。只有这样，我们才能免于麻烦和不幸。

≫ 好奇的质、量、度

好奇是人的天性，很多人从一出生，就对很多事物具有本能的好奇心。但是要提醒大家的是，好奇心也有“度”的问题，有些好奇心是不能有的，一旦有了，就可能出麻烦，比如，上面的例子。

我想说的是，适当的好奇心是好的，过度了则走向反面。所以，建议大家在对待好奇心时，要保持适度的态度，要认清好奇的质、量、度问题。

什么是质、量、度呢？相信很多人都知道哲学的辩证法里有质、量、度一说。任何事物都存在质、量、度，好奇也是如此，过分了，超过了一

经常有人问："我的意志力太差了，做事总坚持不下去，怎样才能训练自己的自控力呢？"生活中，抱怨痛恨自己自控力不足的人数不胜数，他们既因此感到苦恼，又对此无能为力，经常在矛盾与纠结中煎熬……

失控的困惑

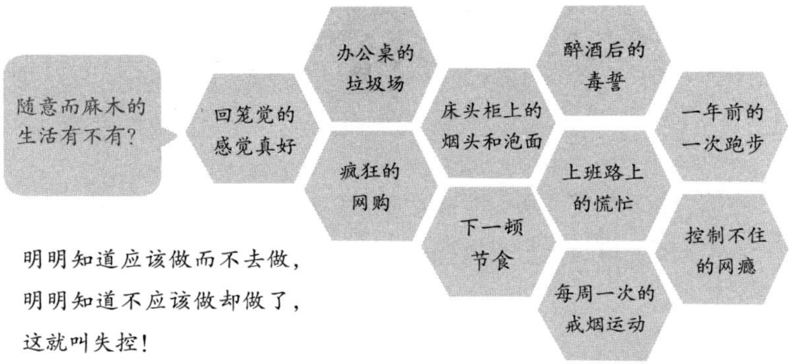

在大多数人的生活中，自控只是一时的行为，失控却是常态。无关紧要的事情，失控也罢；重要、紧急的事情，一旦失控，你将为此付出巨大的代价。

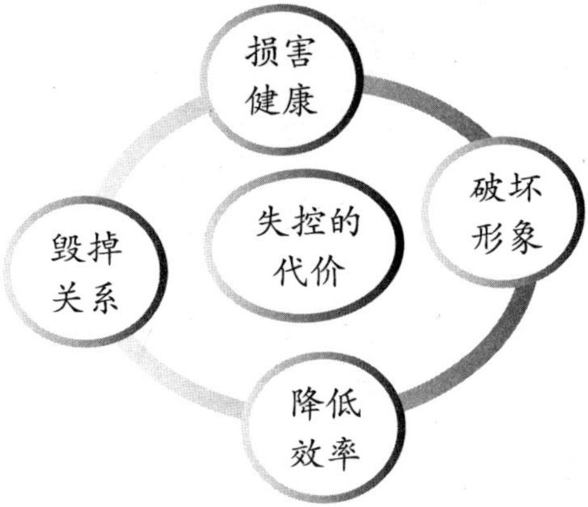

在左图的 4 项中，如果你每存在一项就减掉 25 分，你的生活品质、生命质量可以打几分？如果这 4 项你都有，你在家人、朋友、领导、同事眼中是什么形象？你还敢提加薪、晋升、评先评优吗？所以说，没有自控力，一切都是空谈。

没有自控力，神马都是浮动！

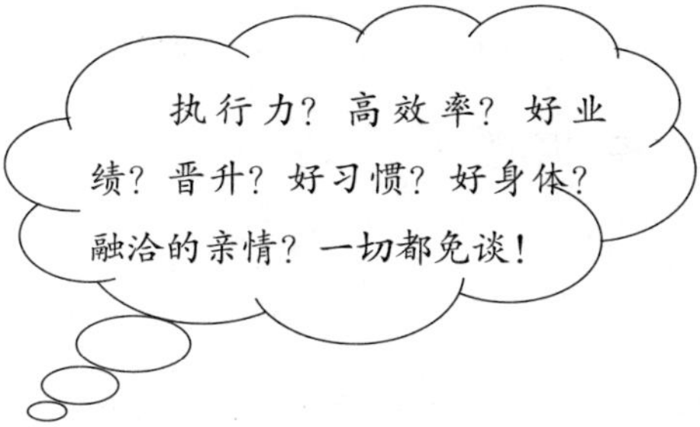

相比较而言，善于自控的人，会过得更幸福，获得更多快乐，身体更健康，人际关系更和谐，爱情更长久，收入更高，事业更成功。

自控力如此重要，那么，自控力到底是什么神奇的力量呢？

自控力是指能够完全自觉、灵活地控制自己的情绪和约束自己言行的意志品质。

自控的本质——两个自我的对抗

在这个世界上，没有谁一开始就是不求上进的人。可以说，绝大多数人都曾有过强烈的进取心和追求成功的欲望。问题在于，有一部分人经不住干扰与诱惑，在进取之路上纷纷落伍。有的人不能抵御不良诱惑

而误入歧途；有的人不能抑制低级欲望的冲动而逐渐堕落；有的人在狂怒中失去理智，因过激的行为构成犯罪……

确实，生活中有不少人做了错事、蠢事，而大部分是在感情冲动、失去自控力的情况下发生的。如果我们能够加强修炼，训练自己的自控力，提升自我管理能力，使我们的言谈举止都在理智的控制之下，这样就可以少犯许多错误，就能更好地生活，从而走向更大的成功。

那么，究竟该如何培养自控力呢？下面，我们推出自我管理一周训练课程，只要你认真学习和执行，你的自控力将会得到巨大的提升，你也将成为一个善于自我管理的人。

星期一：目标管理

没有目标的人，谁都帮不了他

爱丽丝问：请你告诉我，我该走哪条路？
猫说：那要看你想去哪里？
爱丽丝说：去哪儿无所谓。
猫说：那么走哪条路也就无所谓了。
——摘自刘易斯·卡罗尔的《爱丽丝漫游奇境记》

自控的第一步是有明确的目标。一个人如果没有明确的目标，连自己都不知道该做什么，那么别人是无法帮到他的。正所谓“自助者，天助之”，对于没有明确方向与目标的人，别人说得再好也是别人的选择，

也不能转化为自己的有效行动。更可怕的是，当大家众说纷纭时，他们还很容易变得盲目、盲从，这与自控显然是背道而驰的。

往大了说，明确目标是确定人生的方向，弄清楚将来想成为什么样的人；往小了说，明确目标是让我们行动的每一步都有目的，而不是随意而为。有了目标，你才能使言行服从并服务于目标，从而排斥与目标相对立的各种诱惑。反之，如果没有目标，那么在诱惑面前，不可能有强大的自控力。

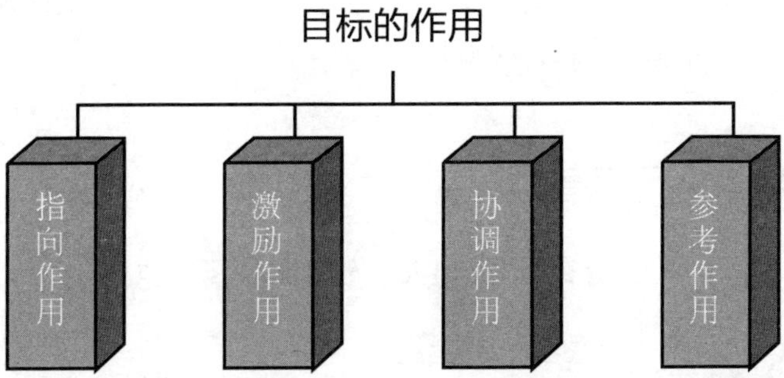

自控力的一个动力之源，是从根本利益和长远利益的角度去考虑问题，有些诱惑之所以是诱惑，是因为它能充分展示表面的、暂时的利益。一旦你意志薄弱，就会被这种表面的、暂时的利益诱惑。而如果你心中有目标，牢记自己的根本利益和长远利益，就会获得一种控制自己的动力——自控力。

那么，什么样的目标才是好目标呢？我们先来看一个故事：

1952 年 7 月 4 日清晨，美国加利福尼亚海岸弥漫着大雾。在海岸以西 21 英里的卡塔林纳岛上，一个名叫费罗伦丝·查德威克的 43 岁女人，正准备从太平洋游向加州海岸。

海水冰冷，冻得她全身发麻，她几乎看不到护送她的船。时间一个

小时一个小时的过去，电视屏幕前，千千万万的人都在关注着她。有几次，鲨鱼向她靠近，但都被护送船上的人开枪吓跑了。

15 个小时过去了，她又累又冷，全身麻木。她觉得自己已经没力气再游了，就叫人把她拉上船。她的母亲和教练在船上告诉她，已经离海岸很近了，再坚持一会儿就成功了。但她向加州海岸望去，除了浓雾什么也看不到。

后来，她知道自己被拉上船的地方，距离加州海岸只有半英里。事后谈到这件事时，她表示令自己半途而废的不是疲劳，而是因为在浓雾中看不到目标。在查德威克一生中，只有这一次没有坚持到底。

这个故事告诉我们，好的目标应该是看得见、够得着的，绝不是遥遥无期的。只有这样的目标才会给人动力，促使人前进，帮助人获得想要的结果。

目标设定的原则

在明确目标设定的原则后，要明确地设定目标的具体步骤：

目标设定的步骤

对于过大、难度较高的目标，我们该怎么应对呢？答案是分解目标。下面，通过一个故事来看看如何分解目标。

在一个营销培训课堂上，一位学员举手问老师：“老师，我的目标是一年之内赚 100 万元！请问我该如何计划我的目标？”

老师问他：“你觉得你能达成这个目标吗？据我所知，你从事的是保险行业。”

学员说：“只要我努力，就一定能达成。”

老师说：“我们来看看，你要为自己的目标做出多大的努力。根据你们公司的业绩提成比例，如果你想赚到 100 万元，大概要做到 300 万元的业绩……大概要拜访多少客户？”

如何分解目标

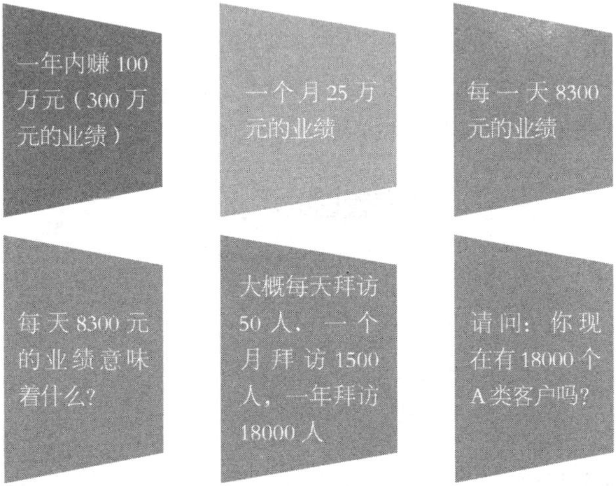

学员的回答是：“我没有 18000 个 A 类客户。”

老师说：“如果没有的话，就要靠陌生拜访。你平均一个人要谈上多长时间呢？”

学员说：“至少 20 分钟。”

老师说：“每个人要谈 20 分钟，一天要谈 50 个人，就是 1000 分钟，也就是 16 个多小时。这还不算路途的时间，请问你能做到吗？”

学员说：“不能。老师，我懂了。目标不能凭空想象，而要切合实际。”

这个故事不但让我们学会了如何分解目标，还让我们看到了在设定目标时，不能凭空想象，而要切合实际，制定出可实现的目标。

【课后练习】

根据目标管理中所讲到的关键点和相应原则，试着制定一个你近期想实现的目标，然后将该目标分解，设定期限，制定出一个能达成的计划。

星期二：效率管理

目标制定好了之后，怎样行动才能取得高效率呢？怎样才能在最短的时间内达成目标呢？这就涉及效率管理，效率管理又涉及时间管理与选择管理，下面就着重从这几点入手开展自我管理能力训练。

效率管理的本质

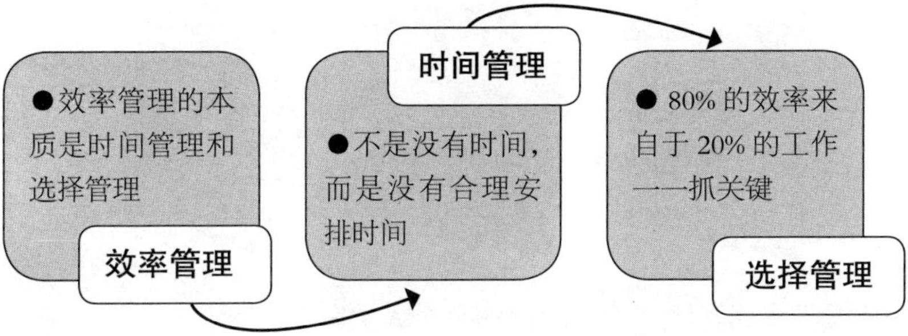

关于时间管理，有一个著名的“六点优先工作制”。它是效率大师艾维利在向美国的一家钢铁公司提供咨询时提出的，通过他推荐的这种方法，使这家公司只用了5年的时间，就从濒临破产一跃成为当时全美最大的私营钢铁企业，艾维利因此获得了2.5万美元咨询费。

这种工作方法要求每天把要做的事情按照重要性排序，分别从“1”到“6”标出6件最重要的事情。每天一开始，先全力以赴做好标号为“1”的事情，直到它被完成或被完全准备好，再去做标号为“2”的事情，依次类推……

艾维利认为，一般情况下，如果一个人每天都能全力以赴地完成6件最重要的大事，那么，他一定是一位高效率人士。

运用六点优先工作制的 4 步骤

1. ● 制订目标：问自己，今年的目标是什么？这个月的目标是什么？今天的目标是什么，然后每天的工作围绕这个目标来展开。
2. ● 根据周工作计划制定日工作计划，且考虑随时可能发生的事情。
3. ● 预估每项工作需要完成的时间。
4. ● 每天睡觉前检查当天工作完成的情况。

六点优先工作制表

__月__日

序	今日事务全纪录	量化目标	完成状态
1			
2			
3			
4			
5			
6			

关于选择管理，我们不得不提到著名的二八法则，它是 19 世纪意大利经济学家帕累托提出的。他认为，生活中 80% 的结果几乎源于 20% 的活动。比如，20% 的重要客户给企业带来了 80% 的业绩，为企业创造了 80% 的利润；世界上 80% 的财富，被 20% 的人掌握着，而另外 80% 的人只共享 20% 的财富。在工作上，二八法则也同样适用。因此，要把主要时间和精力放在 20% 的关键事务上。

根据这一法则，我们应该分清事情的轻重缓急，并做出排列，然后逐一去完成。

A. 重要且紧急，比如救火、抢险等——必须立刻、马上、现在就去做。

B. 重要但不紧急，比如学习、做计划、锻炼身体等——在没有 A 类事情时，应该成为紧急的事情去做，而不能拖延。

C. 紧急但不重要，比如，打麻将三缺一、突然有人打电话叫你去吃饭等——人们经常把这类事情当成“要事”，优先去做，而不是把重要且紧急的工作放在优先位置。其实，许多看似很急的事情，但由于不重要，是可以放一放的，甚至不去做，也不会影响大局。

D. 既不紧急也不重要，比如下棋、钓鱼等——有闲工夫再说。

高效率原则之要事第一

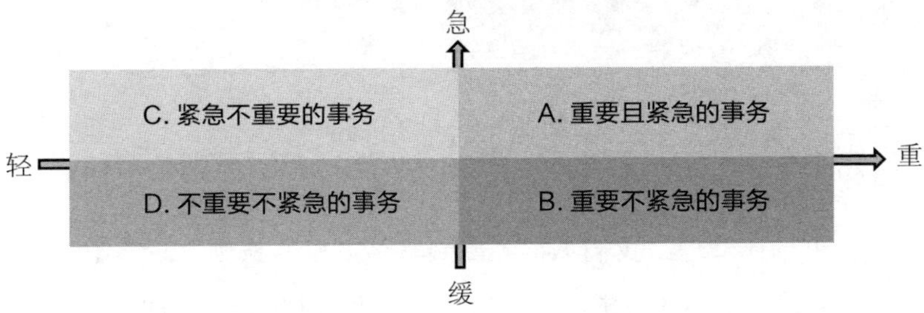

特别提醒：错误的奖励

千万不要认为，自己坚持了几天，表现得很好，应该得到一些奖励。对于这种补偿的渴望，经常会让我们前进一小步，后退两大步。

【课后练习】

一艘船从某地出发，行至某海湾，天色已晚。一路风平浪静，突然间，

浓雾弥漫，能见度极低，当雷达发现对方船只时，已经躲避不及，撞了上去。如果你是船长，就必须立即采取措施，下面的表格中有15个项目，在你认为最急切需要处理的事务前面标上“1”，依次类推。

A 音乐——播放音乐，缓解船员紧张情绪	I 事故通知——通知全体人员紧急事故戒备中
B 救生艇——命令船员放下救生艇	J 手放信号——让各救生艇准备手放信号
C 发电机——命令船员检查发电机是否运转	K 祭神——准备护符
D 地形图——检查附近海域图	L 水闸——封锁船体破损处的水闸
E 钓具——分配各救生艇准备钓具	M 救助对手——为救助对方船员放下救生艇
F 医药品——让船员准备医药品	N 无线电机——搬出携带式无线电机
G 绳索——准备捆绑身体的绳索	O 求救信号——向近航的船只发出 SOS 讯号
H 确认状况——与相撞船员确认事故状况	

参考答案：HLIBOCNDJMFGEKA

星期三：冲突管理

提到冲突，很多人可能首先想到的是人与人之间的矛盾冲突，其实这只是冲突的一种。关于冲突，牛津大辞典里的解释是：人们对于不同观点或信仰的不同意见。在我们的生活中，冲突是一种司空见惯的现象，任何一种关系都会有冲突，绝对没有冲突的关系是根本不存在的。凡是人们共同活动的领域，都会产生不同意见、不同需求和不同利益的碰撞。如何处理冲突，关系到我们能否与人和谐相处，学会管理冲突，是一个成熟的人自我控制的重要环节。

对于冲突，我们常见的应对方式有以下几种：

我们习惯用这样的方式处理冲突

抱怨　流言　逃避　自残　批评

排斥　争吵　孤立　攻击

事实上，处理冲突又较为有效且常见的5种方式：回避、竞争、退让、妥协和合作。举个简单的例子，假如现在有一个苹果，你想要，我也想要。

处理冲突的5种方式

回避：都不谈论苹果，并刻意忽视它

竞争：不管不顾，两人争抢起来

退让：我考虑你的需要，把苹果让给你

妥协：我们一人一半，平分了苹果

合作：各取所需，你要果皮，我要果肉

如果我们都不开口商量如何分苹果，并刻意忽视这个苹果，这就是“回避”；我们不管不顾，都去抢这个苹果，这就是“竞争”；如果我考虑到你的感受，觉得你更需要这个苹果，于是把苹果让给你，这就是“退让”；如果我把苹果掰开，我们一人一半，这就是“妥协”；如果我们

坐下来商量一下，了解彼此的需求，发现你需要用苹果皮晒干果，而我需要苹果肉，我们各取所需，这就是“合作”。

对于这5种处理冲突的方式，接下来我们将继续以图表的形式，介绍其各自的特点：

回避

回避的本质：既不合作，也不进攻。

↓

表现为：意识到冲突的存在，但你不找我，我不找你，回避这事情！

↓

结果：问题和冲突依然存在，大家小心翼翼，变得敏感！

竞争

竞争的本质：牺牲他人利益，达到自己的目的。

↓

表现为：直接发生争论、争吵，甚至其他形式的对抗！

↓

结果：不是你赢，就是我赢！

退让

退让的本质：只考虑他人利益，不考虑自身利益。

↓

表现为：尽管自己有不同意见，但还是支持他人的意见！

↓

结果：维护了关系，牺牲了自己！

妥协

妥协的本质：互让部分利益，以示公平，以平人心。

↓

表现为：接受一种双方都达不到的彻底满足的解决方案，彼此共同承担冲突的问题！

↓

结果：冲突双方的基本目标能达成，相互之间的关系也能维持良好，冲突能得到暂时解决，也有可能留下了下一次冲突的隐患！

合作

合作的本质：寻找双赢的解决办法。

↓

表现为：相互尊重与信任，对于自己和他人的利益都给予高度关注，冲突双方坦率沟通，澄清差异，满足双方需要！

↓

结果：彼此满意，冲突完全消除！

从上面介绍的 5 种应对冲突的方法中，我们可以发现：运用“合作”的方法处理冲突是最好的。既然如此，在遇到冲突的时候，只要采取合作的方法去解决不就行了吗？理论上是这样的，可实际情况纷繁复杂，人心更是深不可测。采取合作的方法去处理冲突，相对于其他方法处理冲突，需要花费的成本要高一些，因为它需要花费时间和精力去沟通、讨论，达成共识后再采取行动，或在合作过程中需要付出大量的财力、物力。如果这些条件不具备，采用合作的方式去处理冲突是不现实的。

那么，在现实生活中，我们该如何运用这5种处理冲突的方法呢？这就要根据具体的事情来定。我们知道，有些事情是重要的，有些事情不重要；有些事情是紧急的，有些事情不紧急。我们可以根据事情的性质来决定采取何种方法处理冲突。

根据冲突事件的性质选择处理方法

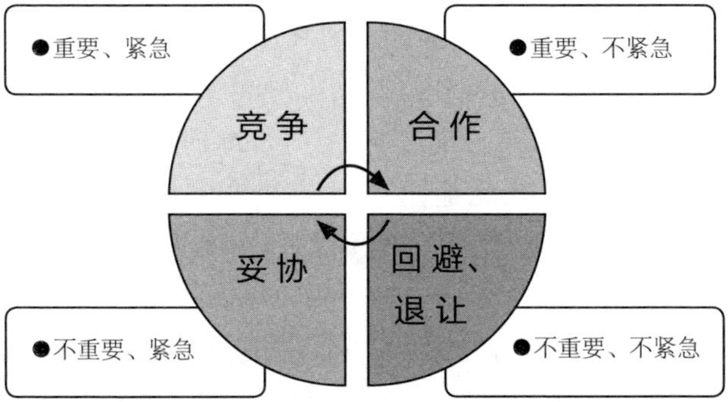

特别提醒：

对于那些既不重要又不紧急的问题，回避并非消极，而是一种策略。不要用固定的思维认为，回避就是不负责任，其实有时候回避也是良策。比如，对于生活中的琐碎事情，不重要也不紧急，你发现解决的时机还不成熟，收集信息比立刻决策更重要；再比如，冲突双方在非理性的情绪中，那不如暂时回避，让双方冷静下来再去处理。

每当提起“竞争”，就会想到两败俱伤，就认为是不好的，不可取的。其实并非如此，在有些情况下，竞争是十分必要且行之有效的方式。比如，紧急情况下，需要迅速果断地做出决策并采取行动，这个时候就必须控制好自己，采取竞争姿态去应对。

对于那些既不重要又不紧急的问题，选择退让并非说明你软弱，或者你害怕对方，而是我们常说的“退一步海阔天空”。采用这种方式，有时更需要智慧和宽容心，这就是考验你自控力的时候。比如，当别人不小心伤害了你，而这种伤害你完全可以承受，而你又知道从冲突中得到的利益，对别人来说比对你来说更重要，那么你不妨选择退让。举个例子，你在路上行走，不小心被一辆电动车剐蹭了一下，你只是受到了惊吓，就没必要纠缠不休，不妨选择退让，一笑而过。

对于不重要但紧急的事情，通常可以采取妥协的方式来应对。比如，当时间十分紧迫需要采取一个妥协方案时，为了解决一个复杂问题而需要暂时与他人冰释前嫌时，都可以采取妥协的方式去应对。

对于重要但不紧急的事情，你可以采取合作的方式来应对。比如，对于一些很重要但不紧迫，且有时间进行沟通的问题，必须采取合作的方式来解决。达成合作的关键在于双方放下分歧，携起手来，站在统一战线，共同商讨所遇到的问题，并在尊重双方需求的基础上，提出一个大家都认可的解决方案。

【课后练习】

冲突是我们生活的一部分，每个人都有自己应对冲突的方法。今天，我们学习了 5 种处理冲突的方法，当下一次你再面对冲突时，不妨先停下来想一想，思考一下冲突事件的性质，然后选择最适合的方法去处理。在这个过程中，你需要保持冷静的头脑，不要慌乱，不要急躁。如此，你才能更好地管理冲突，也能进一步提升自控能力。

星期四：情绪管理

什么是情绪?

情绪是个人的内心感受和主观体验，是人的各种感觉、思想及行为综合的心理和生理状态，是人对环境刺激所产生的心理反应、生理反应以及行为表达。

为什么要管理情绪?

情商又称情绪智商，是一种自我情绪控制能力的指数，由美国心理学家彼德·萨洛维于1991年创立，属于发展心理学范畴。情商是一种认识、了解、控制情绪的能力，也是指信心、乐观、急躁、恐惧、直觉等一些情绪反应的程度，情商高低取决于后天培养。因此，现在了解情商，学习情绪管理还为时不晚。

情绪管理不仅对个人的成长、成功十分重要，而且对个人健康也十分重要。美国心理学家曾做过一个实验：他们把正在生气的人的血液中所含物质注射到小老鼠身上，并观察老鼠的反应。初期，小老鼠变得呆滞，整天不思饮食。几天后，它们慢慢地死掉了。

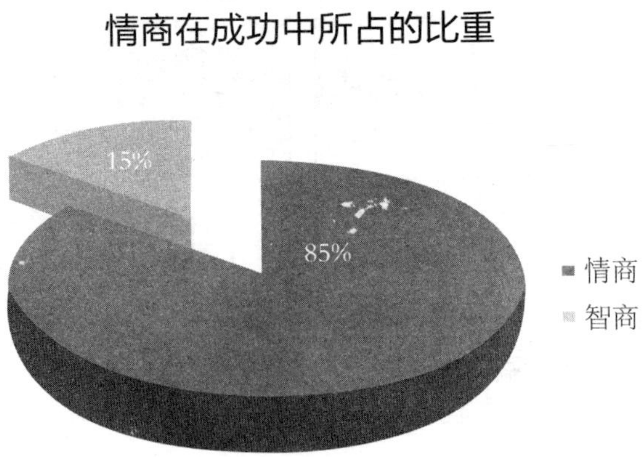

美国生理学家爱尔玛也做过类似的实验：他把一支支玻璃管插在正好为零摄氏度的冰水混合物的容器里。然后分别注入人们在不同情绪下的“气水”，即人在悲痛、悔恨、生气时呼出的水汽与他们在心平气和时呼出的水汽作对比实验。结果发现，当一个人心平气和时，呼出的水汽凝成水后，水是清澈透明、无杂质的，而悲痛时呼出的水汽凝成水后，呈白色沉淀；悔恨时呼出的水汽凝成水后，沉淀物为乳白色；而生气时呼出的“生气水”沉淀物为紫色。他把生气水注射到白鼠身上，几十分钟后，白鼠就死了。

以上两个实验都表明，生气对健康危害巨大。所以说，情绪管理十分重要。情绪管理的最基本形态有四种：

情绪管理的4种基本形态

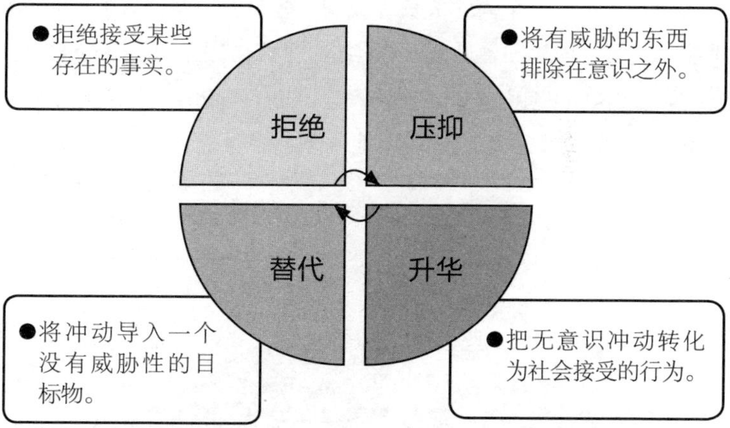

拒绝是一种极端的情绪防御形式，很难被纠正，因为当事者无法接受外界的帮助。比如，一位女士在丈夫去世后，不肯接受这个事实，每

天和丈夫说话，吃饭时给丈夫留位子，准备碗筷。

压抑是一种积极的努力，通过自我努力，将对自己有威胁的东西排除在意识之外。和拒绝不同，压抑是一种强压，会带来副作用。

替代的另一种表现形式就是迁怒。比如，你今天上班被领导骂了，如果你有下属，你可能会迁怒于下属，甚至会带着负面情绪回家，结果家人成了你的出气筒。

升华是唯一真正成功的情绪管理机制。比如，有些人在愤怒的时候，懂得转移情绪，分散注意力，如观看拳击比赛，看着两位选手互相击打，感觉很解气。

学习情绪管理，就是要用升华法去代替拒绝、压抑、替代法，让自己成为一个真正有自控力的人。为此，我们需要从以下三个方面来努力：

（1）体察自己的情绪

遇事三问

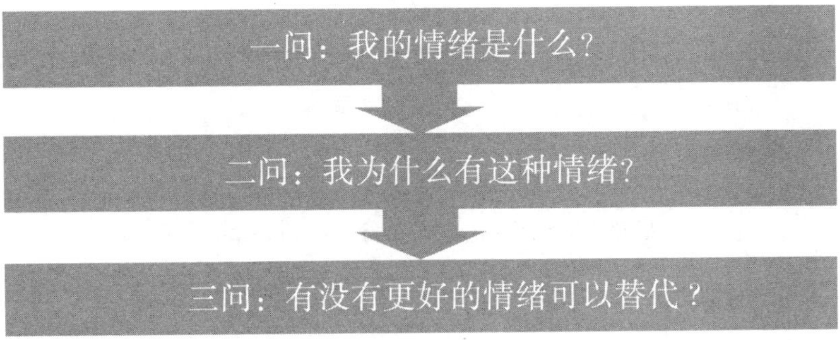

关于第二问“我为什么有这种情绪”，这里面的情绪显然是不好的情绪，对于不好的情绪，我们一定要认识到，并非是客观发生的事物不好，而是我们看问题的心态错了，才会导致我们有不良的情绪。

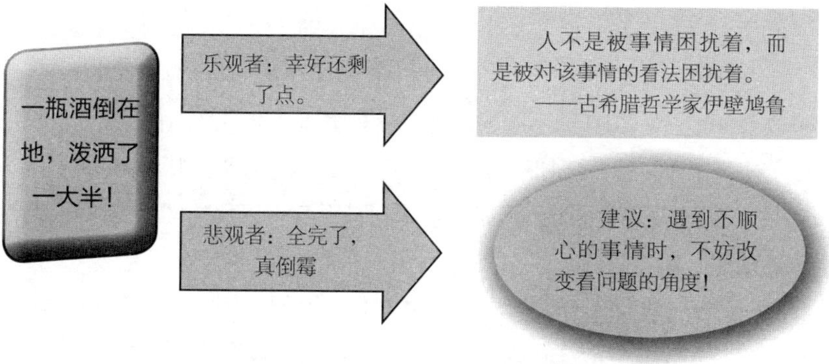

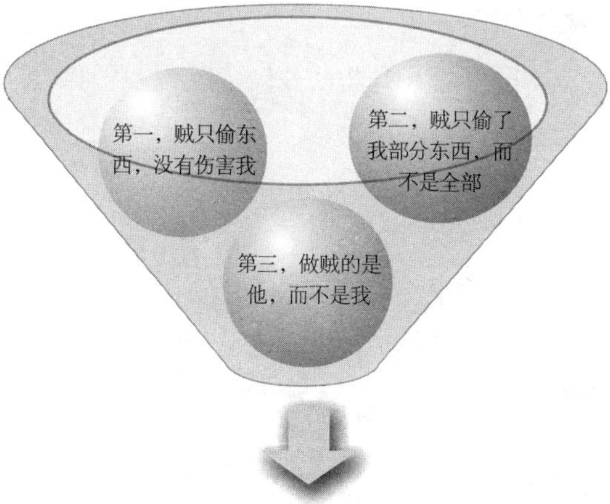

有一次，美国总统罗斯福家被盗，一位朋友安慰他，他却说：我现在很好……为什么呢？

（2）适当表达自己的情绪

举个例子，假如你约朋友吃饭，朋友却迟到了，你感到很生气，原因可能是对方让你久等，或你担心对方。在这种情况下，你可以适当地表达自己的情绪，但一定要注意方法。

恰当地表达情绪

正确的表达：

- 我见你迟迟未到，好担心你！

错误的表达：

- 你怎么又迟到了，这可不是第一次了！

正确的情绪表达，会让朋友感受到关心，从而自觉地感到抱歉；错误的情绪表达，会引起朋友的负面情绪，使他变成一只刺猬，立刻防御外来的攻击，他的反应可能是："路上堵车，我有什么办法，你以为我想迟到啊？"如此一来，两人可能闹得不愉快，更别提什么愉快的约会了。所以，学会恰当地表达情绪是一门艺术，原则就是陈述事实、客观说明感受，委婉传递不满。

（3）以适当的方式调节情绪

调节情绪的方法有很多，有些人会选择大骂一顿、大哭一场，有些人会找朋友诉苦，有些人会逛街，有些人会听音乐，有些人会散步，有些人会逼自己做别的事情。比较糟糕的方式是飙车、酗酒，甚至自杀。

需要注意的是，调节情绪是为了让自己心里好受一些，让自己过得更好，也是让自己活得正能量。如果调节情绪只是为了暂时逃避痛苦，而后承受更多的痛苦，那么这就不是一个健康的方式。下面有 4 种调节和控制情绪的方法，你不妨参考一下：

注意力转移法：把注意力从引起不良情绪反应的刺激情境，转移到其他事物上去或从事其他活动的自我调节方法。比如，当你情绪不佳时，你可以去做自己感兴趣的事情。看看电影、打打球、下盘棋等，换个环境，

有助于情绪平复下来。

交际调节法：情绪不好的时候，可以找朋友喝喝茶、聊聊天，这样有助于缓和、抚慰、稳定不良情绪。

自我安慰法：遇到挫折或情绪不好时，不妨给自己找个冠冕堂皇的理由安慰自己，比如“胜败乃兵家常事”“塞翁失马，焉知非福”“坏事变好事”等词语，都可以达到自我安慰的目的。

适度宣泄法：压抑会使情绪困扰加重，适度宣泄不良情绪，可以缓解紧张与苦闷。比如，和知心朋友聊聊，还可以通过运动的方式来尽情发泄，或到空旷的山林原野怒吼、谩骂，发泄心中的怨气。

情绪调节的 4 种方法

【课后练习】

在下一次不良情绪爆发时，试着用以上所讲到的情绪管理方法去控制自己，调节自己，让自己尽快走出不良情绪的阴影。

星期五：自我激励

什么是自我激励?

1991 年，一个名叫 Campbell 的 11 岁女孩徒步穿越非洲，她不但战胜了森林和沙漠，更是通过了 400 英里的旷地。当别人问她为什么能做到令人难以想象的壮举时，她回答说:“因为我说过我能。”那人继续问:“你向谁说过这句话？”她的回答是:“我向自己说过。”

不断地告诉自己能行，能成功，不断地激励自己前进，最终取得成功。这就是自我激励。自我激励是指个体具有不需要外界奖励和惩罚作为激励手段，能为设定的目标自我努力工作的一种心理特征。自我激励是一个人迈向成功的引擎。在这个世界上，没有一种成功不是自我激励的结果，不管什么时代，不懂自我激励的人，注定与成功无缘。

美国哈佛大学心理学家威廉·詹姆士通过研究发现，在按时间计酬的条件下，一个人如果没有收到激励，仅能发挥自身能力的 10% ~ 30%；如果接受正确而充分的激励，就能发挥自身能力的 80% ~ 90%。什么是充分的激励呢？答案是调动内心的力量进行自我激励。

圣女贞德曾经说过:“所有战斗的胜负首先在自我的心里见分晓。”确实如此，每一个人的内心都存在着需求激励的欲望，善于自我激励才能激起自身的热情。反之，单靠外界的激励，你的激情是很难完全燃烧起来的。

自我激励不是简单的在心里给自己加油、鼓劲，而是一种有具体方法可循的心理技巧。如果你能掌握自我激励的技巧，就能掌握自我管理的秘诀，成为具有强大自控力的人。

那么，我们应该怎样激励自己呢？先来看一个图：

正激励与负激励

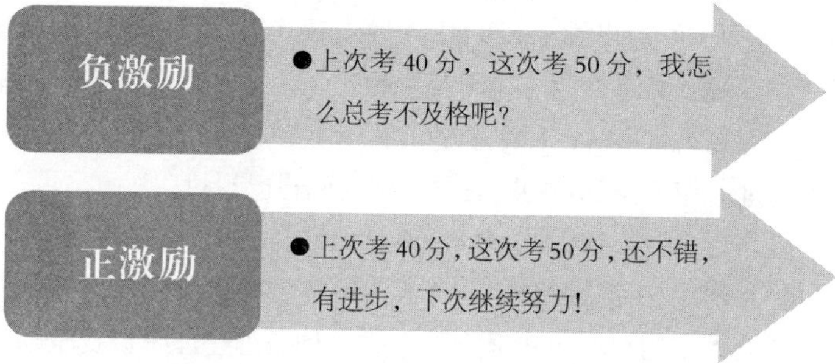

自我激励需要的是正面激励，而不是负面激励，因此，即便实际情况很糟糕，你也要学会乐观地面对，并给自己正面的激励。一般来说，激励有以下几种：

常见的4种自我激励法

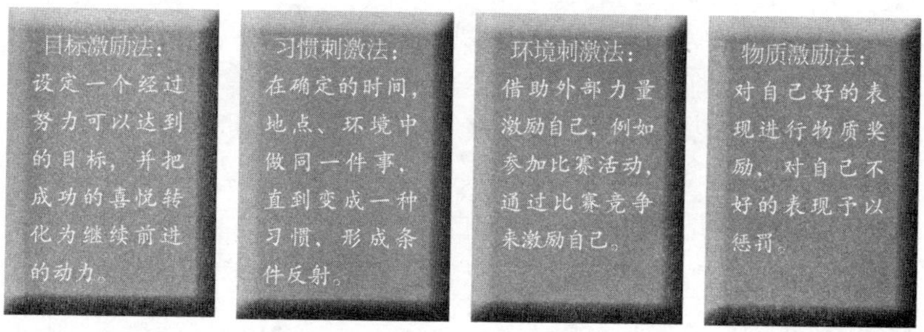

除了以上4种常规的自我激励方法，下面还有几种行之有效的激励方法：

（1）自我暗示法

自我暗示法就是通过语言、形象、想象等方式，对自己进行激励的

心理过程。这个概念最早由法国医师库埃提出，他的名言是“我每天在各方面都会变得越来越好”。自我暗示有积极的，也有消极的。心理学实验表明，当一个人静坐时，如果他默默地说“勃然大怒”“暴跳如雷”等消极词语时，他的呼吸会加快，仿佛真的发怒起来。相反，如果他默念“喜上眉梢”“兴高采烈”“太搞笑了”等词，那么他的心理也会有乐滋滋的感觉。由此可见，语言活动能唤起人们愉快的体验，也能唤起不愉快的体验，而我们需要的是愉快的体验，需要的是正能量。

自我暗示的做法很简单，你可以把想对自己说的话通过各种方式表达出来，使自己从中获得力量和动力，如下图所示：

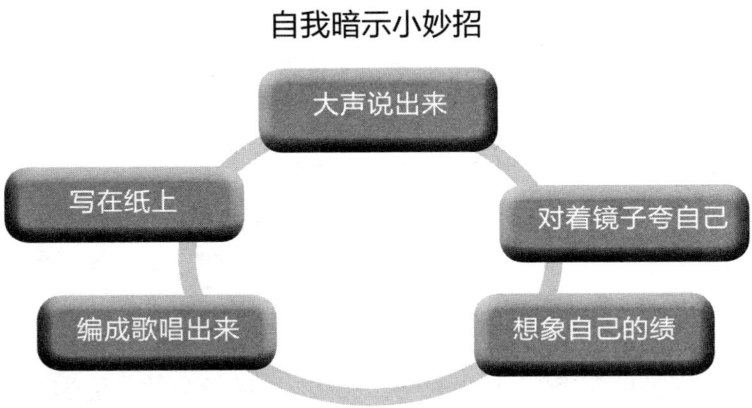

（2）离开舒适区

人在舒适的环境中容易逐渐丧失进取心，变得贪图安逸。因此，要想不断进步，就要离开舒适区。中国著名的地产商王石曾说：“以前我觉得我们应该让自己舒适一些，但是后来我明白一些不适有时并不是件坏事。”王石表示，人其实可以学会享受不适，例如，他每天都会做一些力量训练，他还制定了锻炼计划和表格，每天在上面记录锻炼成果。

比如，当他完成了 15 个引体向上时，他会在表格里写上“15”，每个

月他都会换张新表格，并对每个月的锻炼成果进行总结。不经意间，他几个月以来就做了上千个引体向上，他的身体在不知不觉中变得强壮起来。

引体向上表格

时间	数量	时间	数量	时间	数量	时间	数量	时间	数量
1.1	15	1.7	…	1.13	…	…	…	…	…
1.2	16	1.8	…	1.14	…	…	…	…	…
1.3	14	1.9	…	1.15	…	…	…	…	…
1.4	…	1.10	…	1.16	…	…	…	…	…
1.5	…	1.11	…	1.17	…	…	…	…	…
1.6	…	1.12	…	1.18	…	…	…	…	…

（3）装出好心情

美国心理学家崔特曾讲过一个朋友的故事：

有一天，他的朋友弗雷德心情很不好，以前，他每逢心情不好时，通常会把自己关在家里，不出来见人，但这天他要和上司参加重要的会议。所以，他决定装出一副快乐的样子。会议上他笑容可掬，谈笑风生，装得很开心。令他惊奇的是，没过一会儿，他发现自己不再郁闷了。

弗雷德并不知道，他无意中采用的这种自我激励法，是心理学上被公认的原理——装出某种心情，往往会使一个人真的获得这种感受。利用这种方法，你可以在郁闷时获得快乐，在困境中获得动力，从失败中走向成功。

【课后练习】

人生不如意的事十有八九，挫折、困难、被否定等等，是我们生活中不可避免的组成部分。当这些事情发生时，我们要学会自我激励。

试着运用本文介绍的多种自我激励法去激励自己，你能想到的激励方法越多越好。

星期六：保持自省

有一次，爱因斯坦的父亲和杰克叔叔去清扫大烟囱。那烟囱只能踩着里面的钢筋踏梯才能上去，于是杰克叔叔在前，爱因斯坦的父亲在后，他们一级级地爬上去，打扫完后，再爬下来。

当他们走出烟囱时，杰克叔叔的后背、脸上全都是烟囱里的黑灰，而爱因斯坦父亲的身上则干净很多。爱因斯坦的父亲见杰克叔叔的模样，心想自己的脸肯定也和他一样脏，于是就到附近的小河里洗了又洗；杰克叔叔看见爱因斯坦的父亲，以为自己很干净，只是随便洗了洗手，然后就上街去了。街上的人看见他满脸漆黑，纷纷投来异样的目光。

这个故事告诉我们，只有自己才是自己的镜子。如果你总是拿别人当自己的镜子，白痴或许会认为自己是天才。那么，怎样才能把自己当成自己的镜子呢？很简单，养成每天自省的习惯。

曾子曰："吾日三省吾身。"人只有每天不断地自我反省，不断与自己对话，才能不断进步。通过不断地反省，可以更加客观地认识自己，更清楚自己的优缺点；通过不断地反省，可以更好地总结过去，规划未来。

自省不等于盲目自责，自省是积极的、愉快的，是把自己往好的一面引导。那么，我们到底该怎样进行自省呢？

每天自省6问

一问：我今天要做什么？

二问：我想实现的下一项个人成就是什么？

三问：我该改掉什么坏习惯？

四问：我能够从错误中学到什么？

五问：我的健康状况如何？

六问：我的人生目标是否仍旧像昨天一样重要？

（1）我今天要做什么？

很多人每天早上醒来，昏昏沉沉地赶往公司。来到公司，又糊里糊涂地做事，他们不去思考：今天的工作重点是什么？我今天要完成什么？他们的大脑似乎还在沉睡，等到大脑清醒之后，一个上午几乎就过去了。

其实，一个懂得自我管理的人，一个想追求高效的人，应该在每天早起的时候就开始反省：我今天要做什么？哪些工作是今天的重点，我必须完成？并在大脑里对一天的工作进行大概的安排，然后去行动。

（2）我想实现的下一项个人成就是什么？

你想跑完马拉松？还是想出版小说？还是想坚持一口气做200个俯卧撑？所谓的成就，并不局限于你的工作和事业上，它指的是任何一个你想突破的目标，所以，永远不要停止你的个人进步，如此一来，你的生活才不会停滞，才会精彩纷呈。

（3）我该改掉什么坏习惯？

每个人都有不好的习惯，为什么？因为坏习惯顺应了人的弱点，让人觉得舒适。很多人知道什么习惯是坏习惯，知道自己有什么坏习惯，但是没有勇气去改变它。这就是你每天应该反省自己的原因之一，当你改变了坏习惯，你会发现那种感觉很美妙。

（4）我能够从错误中学到什么？

是人就会犯错，但不是每个人都能从错误中自省，从错误中学习。一个错误犯一次没什么，但如果犯了多次，那就是个大问题了，说明你没有自省。因此，试着反省自己每天的错误，从中汲取教训，提醒自己改正，这样你才能进步。

（5）我的健康状况如何？

通常来说，你有多成功，你就有多忙。当你每天拼命工作时，记得反省自己的健康状况。就像睡觉一样，有些生理需要是不能避免的，

但我们经常会忽视它们。如果你是个大忙人，你真的该提醒自己做健康检查了。

如果你看起来很健康，你觉得没什么好担心的，那你至少也得保养你的身体，找个机会锻炼锻炼，或隔三岔五做个有氧运动，让自己的身体保持健康状态，你的工作效率会更高，生活会更幸福。

（6）我的人生目标是否仍旧像昨天一样重要？

当你越渴望成功时，就越有可能忽视目标之外的东西，这样就很容易迷失自我。很多时候，我们需要一些改变，找一些新鲜感，给生活注入新的活力。

自省 4 步骤

值得吗？自我控制

为什么？自我澄清

合理吗？自我修正

该怎样？自我调适

每天对以上 6 个问题进行反省，这只是常规的自省。下面来学习一个非常规的自省方法，比如，在你为一个目标而努力的过程中，遇到了困难时；再比如，你与别人发生矛盾，你气愤难平时；还比如，你做了一件令你惭愧的事情时，你都可以按照以下的 4 步骤对自己进行反省。

【课后练习】

对一件至今令你徘徊不定的事，按照自省 4 步骤进行反思，最后做出新的决定。

在你与他人发生矛盾冲突后，特别是当你内心仇恨某个人时，试着按照自省 4 步骤进行反省。

星期日：健康管理

算了吧，算了吧，最终你还是打算放弃了。从上一次体育锻炼，到今天已经过去了一个多月了。感冒、下雨、加班、聚会，等等活动，统统都是阻拦你坚持体育锻炼的理由。但问题是，你究竟什么时候才能重新开始锻炼呢？

很多人聊起自己的身材，都说要减肥；很多人发现自己身体素质不如以前，都说要健身。可是到底是说一说，还是真的下定决心去行动呢？也许他们也曾行动过，但遗憾的是，那只是一时兴起，无法坚持。

“无法坚持一项体育运动”，我们可以把这种现象归结为自控力差，也可以说自控力差是因为缺少体育锻炼。因为体育锻炼，对一个人的意志力、自控力是很好的磨炼。因此，如果你打算管理好自己的健康，那么请先从坚持一项体育运动开始。

这样去开启一项锻炼计划

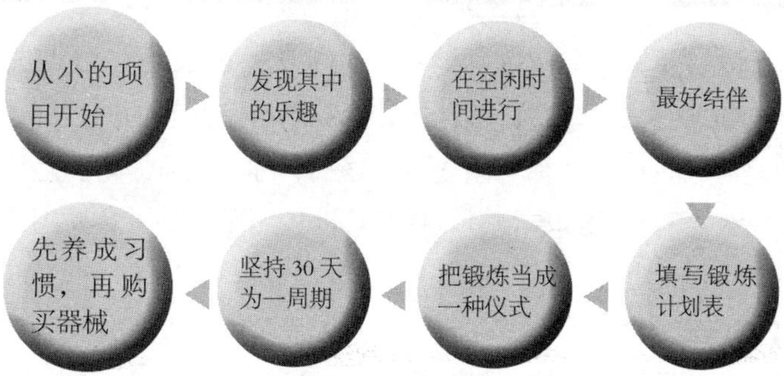

从小目标开始：如果你一开始就打算每天跑5公里，你是不可能坚持下去的。我建议你从小的锻炼项目开始，比如，每天慢跑1公里，或每天打羽毛球30分钟，这样你可以轻松做到。

找乐趣：这个世界上有无数种锻炼身体的方式，如果你觉得俯卧撑太枯燥了，如果你觉得举哑铃太无趣了，你不妨试试其他的，只要能从中找到一点乐趣，你就可以坚持去锻炼。

把运动安排在空闲时间：如果你的锻炼时间与其他重要的事有冲突，那你很难安心地锻炼。

最好结伴：锻炼的时候，如果有个伴，那你不会觉得孤独。如果你能找几位朋友加入你的锻炼计划，那你就更愿意遵守自己的锻炼承诺了。

填写锻炼计划表：我有一位朋友，每次锻炼完，就会在日历上做个标记。这么做的好处是，可以一目了然地知道自己进行了多长时间的锻炼。你也可以制定锻炼计划表，就像前文王石那样做。

把锻炼当成一种仪式：每到你锻炼的时间，你就带上工具，来到固定的地点，热身、慢跑、活动手脚，一个步骤不落地去做，就像演讲前的清嗓，是一个很有仪式感的事情。

每项锻炼计划坚持 30 天：无论你对自己许诺什么锻炼项目，你最好能坚持 30 天，把 30 天视为一个目标，视为一个锻炼周期，如果你能坚持下来，你锻炼的习惯就会得到巩固。同时，在你坚持这30天的过程中，你也不必犹豫到底要不要去运动。

先养成习惯，再购买器械：锻炼是一件很实在的事情，但有些人却喜欢做表面文章，他们的运动器械品种多样，可他们并未坚持锻炼。这难道不是一种浪费吗？

除了体育锻炼之外，我们在日常工作和生活中，还要注意一些饮食小常识，这对健康十分有益。

此外，有关睡眠的健康小常识，也必须牢记于心，实践于行。对于睡眠，有一些误区我们不妨了解一下。

下方右图中的5点，都是关于睡眠的误区。下面，我们将对其进行纠正。

健康睡眠小常识

睡眠适可而止，因为睡眠质量比睡眠时间更重要。

做梦很正常，只要第二天精神状态好，就没关系。

睡前锻炼，使人兴奋，容易导致失眠。

酒后入睡毒害身体，伤害视网膜，降低身体免疫力。

一定要午睡，但时间不宜太长，1小时之内为宜。

牢记健康睡眠小常识，并坚持去做，30天后，你会发现自己的精神状态大不一样。

【课后练习】

如果你没有睡午觉的习惯，请从明天开始，养成睡午觉的习惯。如果你午间时间有限，可以小憩20分钟，哪怕是打一会儿盹。如此坚持一个星期，看看你下午的工作效率是否提高了？看看你晚上的精神状态是否更好了？

定的“量”，就是“过度”；一旦过度了，就会发生“质变”，行为的性质就变了，从而引发种种悲剧的发生。

关于质、量、度，举个简单的例子：如果你饿了，要吃米饭，吃的是米饭，而不是面条，这就是质；你要吃两碗米饭，而不是一碗米饭，这就是量；你最多能吃三碗米饭，这就是度。如果你吃一碗，这叫不足，不足就会饿，过了三碗就撑得慌，或者吃不下。所以，一定要管住自己的好奇心，将它控制在一个安全的范围内。

≫ 不该有的好奇心

要想控制好自己过度的好奇心，最好的办法是认清哪些方面的好奇心不该有。比如，最开始小孩子不知道“火”的厉害，只是凭着好奇心去玩火，直到有一次被火烫伤之后，才知道疼；小孩子不知道“电”的厉害，于是在某次触电之后，才知道电的危险。类似于有损人身安全的事情，我们不应该对其有过分的好奇心，而应该保持敬畏之心，保持距离，不去触碰。

当然，不该有好奇的事物远不局限于此，下面就来具体细谈一谈：

（1）伤害身体的好奇。比如，有些人在身上随便文身，在鼻子上打孔等。这种好奇和标新立异，建立在伤害自己身体的基础上，是不该提倡的。对待类似行为的好奇，是不应该有的。

（2）丑化自己的行为。比如，有些人采用修图技术，将自己的照片或他人的照片进行移花接木，如将人的头颅去掉，换成别的东西，用来吓唬别人。这样的好奇也是不应该有的，因为它会伤害别人。

（3）对他人的隐私不该好奇。每个人都有自己的隐私，都有自己不想对外公布的事情，对于这类事情，如果你过度好奇，甚至达到了猎奇、痴迷的地步，想方设法去了解，那你无疑就触碰了人与人交往的底线——尊重，只会引起别人的不满和反感，影响你的人际关系，影响你的个人形

象。所以，对待他人的隐私，我们应该控制自己的好奇心，保留一份最起码的尊重。

总的来说，当你对某件事感到好奇时，你不能任凭这种好奇发展，而要理智地思考：“我这种好奇对自己有害吗？对他人有害吗？会带来哪些可能的不良影响呢？”当你问了自己这几个问题，并认真地去思考后，也许你就知道哪些好奇心是不该有的了。

恐惧效应，面对是唯一的选择

人人皆有恐惧，你有，我有，他也有，没有人例外。然而，我们与那些成功人士之间唯一的不同在于，他们愿意去面对恐惧，战胜恐惧，最后赢得成功，而我们中的很多人，选择逃避，选择继续惧怕和恐惧，选择自我保护。如果你也这样对待恐惧，那么，恐惧将会慢慢支配你的精神和肉体，阻碍你的梦想和生活。其实，这种情况大可不必发生，因为一旦你掌握了驱散恐惧的方法，就会战胜恐惧，战胜人性的这一弱点。

≫ 恐惧是什么

恐惧是什么？是害怕黑夜的感觉，害怕被人报复，害怕鬼神的祸害吗？事实上，这些只是恐惧的冰山一角。准确地说，恐惧是一种心理活动状态，是情绪的一种，是由于周围有不可预料、不可确定的因素，而导致无所适从的心理或生理的一种强烈的情绪反应。

恐惧是因为你产生了引起它的思想，而不是因为某种场合实际上有多么危险。当你觉得某种场合很危险，那实际上是你给它定义了“危险”“可怕”的符号。就像曾经有一位咨询者向我诉说的那样：“我害怕黑暗，这种黑暗不是我房间关灯后的黑暗，也不是什么东西潜伏在我的床底下，我害怕的是在黑暗中与外界隔离。”

该咨询者告诉我，她上高中的时候，经常一个人在较晚的时候通过一

个大牧场，走一段漆黑的夜路回到家里。这条路没有路灯，也没有其他的余光，只有开着灯的牧场和大山的漆黑的影子，但是她穿过这条夜路时，感觉一切是那么梦幻，是那么浪漫，孤独是肯定的，但感觉也很美好，而且不受拘束。

后来，她搬到市中心居住，那里热闹非凡，但她却发现要想了解周围的人是那么的艰难，那种自由的感觉改变了。她一个人不愿意走出家门，散步时也得带上狗。她不敢拜访邻居，因为总觉得浑身不自在。还有那夜色的阴影里，总让她觉得有危险，她经常会忍不住地联想，比如，一起意外的交通事故，一次抢劫案件等。对付恐惧，她最简单的办法就逃避，她选择待在家里，不去黑夜中。

我告诉她："我们应该对自己的恐惧负责，恐惧是我们臆造的，既然我们能臆造它，就能战胜它。这一点在很多儿童身上有很好的表现，几乎所有的儿童都害怕黑暗、陌生人等，但是他们渐渐地学会了战胜这类恐惧。"

心理学家研究发现：当一个人觉得自己没有能力完成一件事的时候，就会产生恐惧感。但是，假如你去尝试，就会意识到，很多时候这种恐惧感是毫无依据的，特别是当你将自己的能力推到极限时，会发现那些令你感到恐惧的事情是多么的微不足道。这时你会意识到，恐惧是你大脑的本能产生的，那些未知的东西，并不像你潜意识中认为的那样危险。

通常来说，恐惧的表现形式有以下两种：

第一种：害怕某种事物或某种场所。比如害怕动物（老鼠、蜘蛛、狗、鸟等等）；害怕从高处往下看（恐高症）；害怕雷电、火、酷热、寒冷、黑暗；害怕乘坐飞机等。

第二种：人际关系和社会方面的恐惧。害怕被他人批评；害怕遭到拒绝；害怕求人办事碰壁；害怕孤独；害怕伤害别人等等。

为了回避恐惧，很多人选择远离、拒绝去做令自己恐怖的事。从短期

来看，这是一种解决问题的办法，但从长期来看，却是一种十分消极的行为，这是在放任自己的恐惧，任凭恐惧作祟。比如，有人害怕乘坐飞机，那么他就认识不到坐飞机实际上并没有他想象的那样危险。而且时间长了，他的这种恐惧还可能扩展到其他的领域，让恐惧愈演愈烈。所以，对于恐惧唯一的办法就是正确地面对它、战胜它。

≫ 爱克的自我救赎

一天，28 岁的爱克和男友正惬意地躺在海滩上，享受着阳光、红酒。突然，她接到了一个电话，是同事打过来的。同事告诉爱克，她所在的部门员工被全部解雇了，公司撤销了这个部门。

这个坏消息让爱克消极悲观了好几个星期，直到她看到了罗斯福的一句名言："每天做一件令你恐惧的事。"瞬间，她的脑海里浮现了许多画面：

因为担心自己的想法听起来很愚蠢，所以，她很少公开发表意见；

因为痛恨在众人面前讲话，所以，她总是拒绝在小组会议中发言；

虽然工作很烂，但还是继续待着，因为害怕找工作不顺利，浪费了时间；

去市场买东西，店主说多少钱，她就付多少钱，因为害怕讨价还价没有面子；

害怕别人不高兴，害怕挺身而出，不敢为自己辩护，没有化妆不敢出门……

想到这些，再想到曾经自信的自己，于是她当即做了一个决定：用两年的时间（在 30 岁之前），来面对这些恐惧：每天做一件让自己感到恐惧的事。

爱克把自己的恐惧分类为两种：生理的恐惧和心理的恐惧。在挑战中，

她找到了很多应对恐惧的办法，比如，在冲浪时，面对惊涛骇浪，要懂得随波逐流，而不是逆势而上，与之对抗。与其绷紧神经、坚持不被推倒，不如潜进海浪中，循着浪花起舞。

≫ 战胜恐惧的方法

战胜恐惧要讲究方法，下面就来介绍几种既实用又有效的科学方法：

（1）记录恐惧

你恐惧什么，请把它写在纸上，并思考令你恐惧的源头，想一想过去哪些恐惧感绊住了你，然后写下你的反思。当恐惧被写在纸上时，它便失去了力量。

（2）探索内心的想法

在闲暇时间，不妨探索一下内心的想法，思考到底什么事情会令你恐惧：

A. 我想会发生什么糟糕的事情？

B. 我所担心的会发生的糟糕的事情，有可能发生吗？

C. 如果我想象中的事情真的发生了，我会怎样应对，能处理好吗？

通过这样一番想象，你也许就会发现：那些你曾经担忧的事情、恐惧的事情，并没有那么可怕，或者说并不是一场无法应对的灾难。所以，你根本不用担惊受怕、日夜感到不安。

（3）记录你曾经的成功

也许你经常在失败的时候感到沮丧，而在你成功时，你会忘记了庆祝。如果真是这样，那么建议你把曾经的成功，把那些让你引以为豪的事情记录下来，去追忆各个阶段的每次成功，重建内心的自信。你可以从 5 岁时第一次学会骑自行车开始回忆和记录，记住它们激励你，帮助你直面内心的恐惧。

（4）去冒险吧

如果你想在实践中探索那些令你感到恐惧的内在原因，并且加以改变，那么就必须拿出足够的勇气去冒险，去做那些你觉得恐惧的事情，并且要精心准备面对这种恐惧。比如，你对与人打交道感到恐惧，那就应该主动走出去和陌生人接触；你恐高，那就应该大胆地去攀登，登上高峰、高楼，勇敢地往下看，也许你会发现眼底的风景是那么壮丽，一览众山小的感觉是那么美好。

第四章

你追求的是什么，就会吸引什么

每个人对自己所追求的事物都会充满兴趣和干劲儿，当我们在做这件事的时候，很容易投入精力，变得专注；而与之不相关的事物，将会被我们排除在意念之外，拒绝受其影响。如果我们追求自控的力量，那么与自控相关的元素就会被吸引过来，聚集在我们身上，达成特有的效果。

自控力≠强迫力 or 逼迫力

很多人一直在试图提高自己的自控力，但收效甚微，其中一个主要原因是错误理解了自控力——认为自控力就是自我强迫、自我压抑、自我逼迫的一种能力。于是，每一次想克制自己的时候，大家都会觉得很痛苦，觉得是在忍受煎熬，是在摧残自己的身心。在这种情况下，自控力怎么可能提高呢?

我们知道，人是一个能动的有机体，基于自我保护的本能，对任何一种来自外在施加的压力，不管是外部施加，还是自身施加，只要不是源于内心的本能，都会产生一种反作用力。施加力与反作用力相互抵消，或作用不均衡而导致与本来意图之间产生偏差，是难以取得好效果的。所以，单纯地依靠自我逼迫、自我施压来自控，效果是很难保证的。

那么，到底应该如何做，才能让自控力真正源于内心，源于一种本能呢?答案是，真正的自控力＝强烈的欲望＋良好的修养＋环境的支持，这三种因素缺一不可。

≫ 强烈追求的欲望

当你发自内心地去做一件事情，去追求一个目标时，会发现整个过程中，你都能保持高度的专注力，当你达成目标时，也会感到很有成就感。

而当你做一件不喜欢的事情时，会不自觉地拖延，反复地中断，无法一鼓作气坚持到底。

欲望是一个人对自己未来的期望，是高于自己当前生存的环境，高于自己当前所处的阶层，高于自身能力的一种目标。只有当我们拥有强烈的欲望之后，才会由强烈的“不满足”和“高目标”的吸引力催生出一种强大的内驱力，也就是说，自控力的本质不是强迫力或强制力，而是一种内在的推动力。

也许你会因自己不够自控而自责，但在自控之前，你不妨问自己：我所做的这件事情，是我真的愿意做的吗？如果你的回答是否定的，那就大可不必自责。因为你对这件事情没有强烈追求的欲望，才表现出自控力不够，这是十分正常的。如果你的回答是肯定的，那就要好好反思了：为什么我对这件事情有强烈的追求，我还不能自控呢？是不是自我修养不够？没有忍耐、坚持的性格？

≫ 良好的自我修养

良好的自我修养既体现于一个人的内在品德、性格，还体现于一个人的行为习惯。品德方面，表现为能够遵循社会道德，遵守社会秩序，不损人利己，不违法乱纪，不干伤天害理的事情。在面对一些有违社会道德、人伦情怀的行为或事件时，一个有良好道德品质的人才会自觉地自控，而不是随波逐流、同流合污。

性格方面，表现为具有忍耐力、坚持、乐观、积极等等。在面对一件事情的时候，懂得舍弃当下的小乐，着眼于长远的大乐，从而自觉地说服自己保持积极乐观的心态，努力去坚持自己的选择和目标。

行为习惯，表现为长期训练后形成的机械、重复、单调的行为。比如，早晚刷牙、饭前便后洗手等；再比如，今日事今日毕，不把工作留到明天；

还有时间观念，不拖延、不迟到等等。有了良好的行为习惯之后，一个人在面对与自己行为习惯相违背的事情时，他就会自觉地遵循自己的行为习惯，做自己最习惯的事情，这样所表现出来的自控力就是一种自觉的自我约束力。

≫ 周围环境的支持

周围环境的支持，指的是当你处于一群人中，这群人与你有类似的欲望和追求，有类似的修养时，你们之间能够相互影响、相互促进，就会形成一个强大的氛围，这种氛围会对你的思维与行为形成强烈的支持。

俗话说："近朱者赤，近墨者黑。"在好的环境中，一个不好的人也会慢慢变好；在不好的环境中，一个好人也会被一群坏人带坏。这与一个人自身的自控力有关系，但不可否认的是，环境的影响也是很重要的。所以，如果你想修炼自己的自控力，一定要与那些有强烈进取心、有较好修养的人为伍，这样当你管不住自己时，他们会带动并促使你上进。

当然，如果你周围不具备这样的好环境，那就需要自己想办法创造好的环境，你可以把眼光放远一些、放高一点，超越你当前所处的环境。比如，通过网络交朋友，多看有益的书籍、报刊，去了解和接触更高、更好的环境中的人，并向他们学习。

需要注意的是，当你超越当前所处的环境，去创造更好的环境时，你很可能会受到当前所处环境的排斥、非议甚至嘲讽和贬低。例如，你不与周围的人交往，你认为他们不学无术、不思进取、整天荒废时光，于是，你加入了一个为梦想打拼的交友群，经常在里面和大家聊天。这一情况被你周围的人知道了，他们嘲讽你"做白日梦"，说你是不可能成功的，这时候你要做的就是不去理会，继续坚持自己的交友行为。一旦你熬过了这段时期，就会形成强大的心理支撑，也不会再受当前不良环境的影响了。

空虚的后果

没有梦想，所以颓废；没有坚持，所以空虚；没有追求，所以无聊。人活着总要有所追求，总要有所坚持，否则，活着的意义又是什么呢？难道只是一日三餐，吃饭、上班、下班、睡觉吗？如此混日子般地过活，你不会感到时光流逝的可怕吗？

≫ 空虚效应

不知从什么时候开始，“无聊”悄然之间成了人们的口头禅，“空虚”也在不知不觉中占据了人们的心灵。很多人就像无头苍蝇一样，整天到处乱飞，生活就像漫漫长夜，看不到希望，看不到尽头。这就是“空虚效应”的典型表现。

所谓空虚效应，指的就是百无聊赖、闲散寂寞的消极心态，也就是人们常说的“没劲”“无聊”，是内心不充实的表现。空虚是一种社会流行病，当社会价值多元化导致个人无所适从时，人就很容易出现空虚心理。

有个年轻人曾给我写信说：“我每天就是朝九晚五地上班，总觉得生活缺了些什么，心里老是不得劲儿，我好像不知道工作是为了什么，生活是为了什么，常常有一种提不起精神的感觉。”

他在信中说：“看着其他同事对工作充满热情，玩得潇洒时，再看看我，简直就是截然相反的样子，为什么我就开心不起来，就没有

工作和生活的激情呢？这种消极的情绪让我整天散漫惆怅，不知道该怎样改变……”

这个年轻人遇到的困惑，恰似一片阴云笼罩在他的心头，这就是我们常说的空虚。空虚的危害性是极大的，它最常见的表现有以下几种：

（1）丧志综合征

所谓丧志综合征，指的是缺乏做出决定或根据自己的决定去行动的能力。这种病态的表现源于精神上的空虚、意志力脆弱、自控力低下。患有这种症状的人，很容易受到环境的影响，随波逐流，受到他人的操控。

（2）否定一切

这种表现在年轻人身上很常见。心理学家汤姆利尔茨认为，年轻人在成长过程中，会从对外部世界的关注转移到对内心世界的关注，容易陷入暴力性的不安之中，出现所谓的反抗、蛮横、怠慢、冷漠等心理表现，他们不但容易否定外部世界，还容易否定自己。汤姆利尔茨将这称为“否定期”，行为上会表现出“虚无主义”。

（3）富贵病

多见于身份与地位较为显赫的人身上，也带来了意想不到的烦恼。例如，对生活产生厌倦，容易引发感慨，对财富与生命的忧虑重重。为了解除这些烦恼，他们选择挥霍金钱、过度享乐以寻找刺激。

（4）混日子

这是最常见的病态行为，就是所谓的得过且过，在工作上不求有功，但求无过。实际上是因为没有远大理想和明确目标。他们无所事事，或不愿意做事，经常感到无聊，于是选择抽烟、酗酒、赌博等方式排遣寂寞，严重的情况下，还可能走上犯罪的道路。

≫ 空虚的原因

人的精神空虚虽然有社会的原因，但主要还应该从自身寻找原因。一般来说，导致人出现空虚心理的原因有以下几个：

（1）自我贬低、不够自信

当一个人遭遇了不幸之后，例如，早年的生活不幸，父母早逝或离异，从小得不到温暖与关怀，就容易产生自我贬低的心理，认为自己是没人疼、没人爱的，继而自暴自弃，看不到光明与前途。

（2）错误的价值认知

当一个人对社会现实和人生价值存在错误的认知时，就很容易变得固执和偏激，往往会以偏概全地看待社会，将个人价值与社会价值对立起来，只讲个人利益，而一旦个人的要求得不到满足时，就容易产生沮丧、悲观、绝望的情绪，这种情形在年轻人中较为普遍。

（3）对自我缺乏正确的认识

当一个人不能正确地认识自己时，过高或过低地估量自己，也会导致整天忧虑、思想空虚，或因为自身的能力与所处的环境不相符，陷入“踌躇满志”的窘境，常常感慨人生不得志，还会抱怨社会，对社会心怀不满，导致失落困惑。

（4）精神需求得不到满足

人有很多需求，包括生理上的需求、物质上的需求以及精神上的需求。一般来说，生理需求比较容易满足，物质需求和精神需求的满足相对难度较大。而相比于物质需求，精神需求的满足难度更大。我们看到很多人，当财富集聚到一定程度后，对金钱的追求没有了满足感，甚至会产生麻木乃至厌倦。而当生活没有了往日的动力时，人也会陷入百无聊赖之中，这个时候如果能有精神需求的满足，人才会摆脱空虚的心理。

≫ 消除空虚心理

人之所以会感到空虚，是因为生活没有充实的内容。因此，要想消除空虚心理,最好的办法是充实生活,充实内心,具体做法可以参考以下几点:

（1）调整目标，保持追求

目标使人产生动力，有助于人们明确行动的方向。没有目标和追求的人，产生空虚心理是在所难免的。因此，制定奋斗的目标，保持追求之心是很有必要的。当一个人有了目标与追求时，就会发现他的整个精神状态是不一样的，这一点我们可以从以下两则小故事中去体会：

两千多年前，罗马军队攻陷了希腊的一座城市，当罗马军队进入这座城市之后，他们发现一个老人正蹲在地上专心地研究一个图形。这个老人就是著名物理学家阿基米德。当罗马士兵的剑朝他劈过来时，他只说了一句话："不要踩坏了我的图！"因为地上画的图形是他的目标与追求，比他的生命更加宝贵。

更早的时候，亚历山大大帝视察希腊的另一座城池时，也遇到了类似的情况——哲学家第欧根尼正躺在地上晒太阳，亚历山大问他："我能替你做些什么？"他得到的回答是："不要挡住我的阳光。"在阳光下思考就是他的追求。

这两则故事告诉我们，人不但要有生活目标，更要有精神追求。当然，这两者也可以合二为一。它可以是一个三年计划或五年奋斗目标，可以是你的某项兴趣爱好，或是你的研究课题，总之，你要让自己对某些东西有所迷恋，并孜孜以求地争取。

（2）多读书

读书是填补内心空虚的良方。古人云：书中自有黄金屋，书中自有颜如玉。书籍是人类智慧的结晶，是知识的源泉。读书能使人明志，使人感

受到乐趣，使人从寂寞和空虚中解脱出来。读书越多，人的心灵往往就越充实，生活也会变得丰富多彩起来。

（3）多交益友

孤独寂寞与空虚就像形影不离的一对朋友，人在孤独寂寞的时候，就很容易感到空虚，这是因为人需要社会交往，需要沟通，需要陪伴。如果你能多交些朋友，交些益友，经常与他们交流思想，聊聊趣事，一起参与有趣的活动，你就不会感到空虚了。正如物理学家爱因斯坦所说的："世间最美好的东西，莫过于有几个头脑和心地都很正直的朋友。"

自省法则

人总是很容易看到别人的缺点，看到外界事物的瑕疵，两只眼睛总是盯着身外之物，而忘记了审视自己内心的最深处。出了错时就找客观原因，惹了麻烦时就推卸责任，这表明我们缺少的是自我反省。其实，反省是自我提高的一种途径，懂得自我反省的人，才能不断成长，不断完善自己，提高自己的能力与修为，最后成为一个管得住自己的人，更好地把握住成功的机会。

≫ 宫本的回答

孔子说过：“见贤思齐焉，见不贤而内自省也。”曾子则说：“吾日三省吾身，为人谋而不忠乎？与朋友交而不信乎？传不习乎？”他们都强调了自省的重要性，自省就是注视自己，看清自己的缺点与不足，思考如何提高自己，并从反思中获取前进的力量。

在日本近代史上，有两位知名的剑客，一位叫宫本，另一位叫柳生。宫本是柳生的师傅。柳生跟着宫本学剑术的时候，曾因急于求成，问宫本一个问题：“师傅，您看凭我的自控力，需要多久才能成为一流的剑客？”

宫本想了想，说：“至少十年吧！”

这个回答令柳生很意外，他说：“十年的时间太漫长了。如果我加倍苦练，坚持不懈，您觉得我需要多久才能成为一流的剑客呢？”

“那就得二十年了。”宫本不假思索地说。

柳生更觉得不解，便问：“师傅，为什么我越努力练剑，反而要更长的时间才有成为一流的剑客呢？”

“因为要想成为一流的剑客，先决条件是：必须保留一只眼睛注视自己，不断反省。如果你两只眼睛都紧盯着一流剑客的招牌，哪里还有眼睛注视自己呢？”

一个人如果两只眼睛都紧盯着外物，哪里还有眼睛注视自己呢？不去注视自己，又怎么能发现自身的问题与不足呢？发现不了问题与不足，又何谈改进与提高呢？

≫ 自省的第一步：认识错误

智者与愚者的区别是什么？在我看来，智者遇到事情时，通常会从自己出发，反思自己哪里做得不够好？哪里应该改进？他们首先想的是自己的过错，想的是完善自己；愚者则一味地责怪他人，即使知道自己错了，也要找一些冠冕堂皇的理由来推卸责任，掩饰自己的不足。

古希腊哲学家伊壁鸠鲁曾说过一句很有名的话：“认识错误是拯救自己的第一步。”我认为，认识错误也是自我反省的第一步。假如一个人认识不到自己的错误，他是不可能去反省自己的，不去反省自己，又谈何拯救自己呢？

1995 年，Internet 的浪潮刚兴起的时候，面对 Internet 的诱惑与挑战，美国微软公司的一位董事针对公司 Internet 的策略问题向比尔・盖茨征询意见：“我们为什么不多做一些与 Internet 相关的工作呢？”比尔・盖茨用不屑的口吻回答道：“这是多么愚蠢的建议啊，Internet 所做的东西都是免费的，没有人能赚钱。”

之后，当比尔・盖茨在公司会议上宣布微软公司不会涉足 Internet 领

域后，很多员工表达了强烈的反对意见，有些员工还直接写信给比尔·盖茨，说那是一个错误的决定。比尔·盖茨见很多人反对自己的决定，意识到这个问题要深入思考，他花了大量的时间重新认识和理解 Internet 产业。最终，他承认自己的决定是不明智的。

为了扭转公司的经营方向，比尔·盖茨撰写了一篇名为《互联网浪潮》的文章，并把许多优秀的员工调到 Internet 部门。那些曾经直言劝谏他的员工，不但没有受到处分，还被委以重任。结果，微软公司快速成为 Internet 领域的领跑者。

在瞬息万变的互联网时代，如果比尔·盖茨没有自省精神和宽大的胸怀，恐怕微软公司早就迷失在互联网的浪潮中。比尔·盖茨的自省与自我修正，让我们看到了一个成功人士应具备的素质。

勇于承认错误、主动接受批评和自我批评是自省的第一前提，这种态度就是我们常说的谦逊。谦逊在自省中极为重要，当我们有了谦逊的态度，才能发现自己所懂的不过是沧海之一粟；才能明白天外有天，人外有人；才能发现自己的渺小和愚钝；才能诚恳地接受批评和自我批评，并通过发自内心的反省提高自己。

≫ 足够好是不够的

自省的最终目的是管住自己的缺点和毛病，全面地提升自我，追求进步。在这个过程中，一丝丝的自满都会成为自省的敌人。生活中，有些人很容易满足，很容易产生“已经足够好了”“足够好就够了”的念头。这样一来，自省就不会持续下去，优秀和卓越也就随之而去。因此，我们应该时刻保持“足够好是不够的”的心态，凡事问一问自己“我还能更好吗？怎样才能做得更好？”这样才能前进不止。

有一位刚加入微软公司的市场经理，带着微软某个软件产品参加展览

会。回来后，他高兴地把整个产品展览会的情况告诉大家，他说：“我很高兴地告诉大家，我们的产品在这次展览会上取得了全部 10 项大奖中的 9 项，让我们一起庆祝吧！”让他没想到的是，几乎所有的人都在问：“我们没有得到的是哪一个奖项？为什么没有得到呢？从中我们吸取到什么教训呢？怎样改进才能变得更好呢？”

市场经理彻底惊呆了，他没想到微软公司的员工竟然这么在意丢掉的那个奖项，那一刻他真正理解：为什么微软公司的产品那么受市场欢迎，为什么微软公司能在软件巨人的位置上坐那么久、坐那么稳。

永远追求进步、追求完美，是成功道路上持续不断的动力。无论我们是在工作上，还是在生活中，或是在自我修炼的道路上，都应该永远保持一种谦逊的态度，一种自觉的和自省的态度，对于做得不好的事情，要通过反省发现问题，找出原因；对于做得不够完美的事情，要通过反省找到进一步提高的方法，这样我们才会变得越来越出色。

相同的蔬菜，经过不同的浸泡后，有着不同的味道

我在为很多人士进行心理咨询时，经常对他们说："人与人之间的相互影响是巨大的，你可以从妻子的行事作风中，看到其丈夫的某些做派。"有些人一开始不相信，问我："你能举些例子吗？"

我说："假如有一位妻子，以前很大方，如今与人吃饭时，经常提倡AA制，那往往说明她受到了丈夫的影响，比如，她丈夫是个喜欢财务分明的人，没有来由从来不请人吃饭。再比如，某位妻子以前是个马大哈，如今做事喜欢列计划、列日程表，这往往说明她受到了丈夫的影响，她的丈夫很可能做事重逻辑。"

同样的道理，从丈夫的日常行为中，也可以窥见妻子的品位与作风。比如，沉稳的丈夫，某一天换了一幅时尚的眼睛，那多半是受妻子的影响；讲究的丈夫，突然变得爱谈论路边摊上的美味，那八成是妻子的功劳。这些现象说明的就是人与人之间的相互影响、人受环境的影响，它有一个心理学名称，叫"泡菜效应"。

≫ 何为"泡菜效应"

不知道你有没有发现：同样的蔬菜，假如放在不同的水里浸泡一段时间，再将它们分别煮着吃，就会发现它们的味道是不一样的。水就是泡菜所处的环境，环境不同，泡菜的味道也不同。同样，人在不同的环境中，

长期耳濡目染，也会呈现出不同的气质、素质、性格和思维方式。一个人的“味道”，不仅仅取决于他出生时是哪类“蔬菜”，更取决于浸泡他的“水”，这就是泡菜效应。

泡菜效应揭示的是人与人之间相互感染、相互影响的一种心理学现象。《颜氏家训》中曾提到：“人在少年，神情未定，所与款押，熏渍陶染，言笑举动，无心于学，潜移暗化，自然似之。”意思是，人在少年的时期，品行和习惯很容易受到环境的影响。大家熟知的“孟母三迁”的故事，就是最好的例证。

那么，是不是可以说：人在强大的环境影响之下，会变得无力抵抗呢？当然不是，因为环境究竟能否影响到你，最终还取决于你的自控力和追求。环境不是一个人堕落的借口，也不是一个人抵不住诱惑的理由，因为当一个人控制不了环境、改变不了环境时，还可以控制自己的意志和追求，还可以做出选择。

≫ 去找寻 VS 继续沉沦

现实生活中，很多人会遇到这样的问题：不清楚自己的专长是什么，而所在的环境，又让自己觉得不受重用，这让他们感到十分苦闷。在这种情况下，他们不清楚自己到底是该去寻找适合自己的泡菜水，还是继续留下来，接受当前的泡菜水的浸泡。

曾经有很多人来咨询我，让我帮他们做出选择。对于这样的请求，我感到荣幸，但也表示很遗憾，因为我不能替任何人做出选择，我总是问他们：“你的追求是什么？是仅限于现在的工作表现、事业成绩，还是追求更大的成就？”

面对我的问题，他们一下子豁然开朗了，绝大部分的回答是：“我当然想追求更大的成就。”我说：“这很好，那么，你追求更大成就的心愿

有多强烈呢？是必须去追求，还是说只是偶尔想追求？”

面对这个问题，很多人沉默了。在一番沉思之后，有些人说：“说实话，我只是偶尔想追求更大的成就。”对于这种人，我的建议是：“很好，你说出了你真实的心里想法。我给你的建议是：继续留下来接受当前泡菜水的浸泡，努力与周围的人打成一片，接受他们的影响，并且不要觉得怀才不遇，不要抱怨，因为这是符合你内心的选择，这样你会快乐一些。”

有些人在沉思之后，给出的回答是：“我有强烈的愿望去取得更大的成就。”对于这种人，我的建议是：“很好，你说出了你的真实想法，那就勇敢地去追求吧，你可以选择跳出当前的环境，选择一个更符合你追求的环境，比如，一家有实力、欣赏人才的企业或平台。并且坚持这个追求，努力去付出。”

我想说的是，你应该看到环境对个人的影响，但也应该看到个人抵抗环境的力量。比如，你的部门里，多数人都喜欢吃喝、旅游，他们追求的是当下的快乐，但你追求的是长远的目标，你对生活的幸福有另外的理解，你认为今天努力，明天享受才会踏实，而且这种追求十分坚定，那么，你就会迸发出强烈的自控力，不与他们为伍，抵抗他们对你的影响。

如果你对长远目标和幸福的追求不够坚定，又不想成为那种吃喝玩乐，只图眼前享乐的人，那么你最好选择离开这个环境，抽身而出。别等到有一天被他们影响了，才后悔当初自己没有远离。

≫ 追求正能量，你才会变得品行端正

古人云：“入芝兰之室，久而不闻其香，入鲍鱼之肆，久而不闻其臭，亦与之化矣。”如果你处在一群恶习满身的人中间，一开始也许你还有羞耻感，但当你渐渐习惯之后。也就不以为然了。再后来，你很可能也与他们同流合污了。反之，你与一些品性良好的人交往，也会渐渐受其影响，

自己的品行也会变得端正和高尚。

生活中，狐朋狗友与真心挚友会带给你不同的影响，前者使你沉沦，后者催你奋进。结交积极阳光的朋友，你心中的消极就会逐渐散去；结交兴趣广泛的朋友，也会拓展你的人脉；结交好学上进的朋友，你自然不好意思满足于当前的吃喝玩乐。你为什么愿意结交这些具有正能量的人，而不是结交那些满身恶习的人呢？其根本就在于你的价值观，在于你的追求。

如果你追求正能量，追求进步，追求一切优秀的行为习惯，那么你就应该与具有这些能量的人交往，与优秀的人士交往。正如第二次世界大战中，法国陆军元帅福煦所说的那样：“青年人至少要认识一位通晓世故的老年人，请他作为顾问。”同样的道理，年长者也可以结交优秀的年轻人，相互之间学习对方的优秀品格、学问，吸收对方具有的优秀特质，并激发出对人生、对事业更大的激情。

你追求什么，就吸引什么

每个人身上都有一种看不见的能量，一直引导着我们的衣食起居、言行举止、喜怒哀乐。你去菜市场买了什么菜，你看什么电视节目，你和谁微信聊天，你几点钟睡觉，你找了什么样的对象，找了什么工作等等，这一切都与这种能量有关，这种能量就是吸引力。

当一个人工作的时候抵制不了嘈杂环境的干扰时，当一个人愤怒的时候控制不住脾气时……当一个人管不住自己时，其根本的原因就是他的潜意识在起作用。他想什么，就会吸引什么；他期待什么，就会发生什么；他追求什么，就会得到什么。这就是著名的“吸引力法则”。

≫ 吸引力法则

吸引力法则是一个你意识不到，但却一直在发挥作用的法则，就像你不知道自己每天喝多少水才不会觉得渴，但是你身体中有个力量在起作用，会让你在需要补水的时候感到口渴，然后做出补水的行动。

吸引力法则，说到底是人的潜意识、一个人的追求在起作用，就像磁铁的吸引力一样，让你把大脑里所想、所追求的事物吸引过来。人类之所以是高级动物，正是因为大脑的思考力，它对人的行为具有强大的主导作用。

据研究发现：脑细胞对身体的各个部位都发挥作用。美国华盛顿的史

密森纳研究所艾尔默·格迪士教授通过实验证实了这一点。他曾做过一个实验：将豚鼠置放在以某些颜色为主色调的密闭空间里，然后通过大脑的解剖显示，在有颜色空间里生活的豚鼠比其他同级别的豚鼠长得更大。

还有一个实验，是对处在不同情绪中排出的汗的分析，结果显示：当人生气时，排出的汗里具有与众不同的盐分。小狗尝了这些盐分之后，居然会中毒。这两个实验说明，人的思想的确能改变人的身体状态，就更别说影响人的行为了。

所以，当你觉得自控力不够时，并非是你真的自控力不够，而是因为你对某些事物自控力不够，根源是你潜意识里在想这个问题，或你有意无意地在追求这些事物，所以你对它才会失去抵抗力。

比如，你大脑的潜意识想休息了，而事实上你在工作，那么，一旦出现什么干扰因素，你就会忍不住放任自己，让自己去休息。再比如，你渴望得到认同，渴望被人关注，那么，一旦别人对你说几句恭维的话，你就会变得骄傲自满，很容易被别人牵着鼻子走。因此，用正面的思维看待世界，保持积极的追求，是提升自控力的有效策略之一。

≫ 主导想法决定未来

生活中，你会发现：无论一个人将来的境况如何，他们的想法总是领先于行动。如果一个人今天没有全心全意地致力于某项事物，他将来就不会在这项事物上取得成就。比如，假如巴斯德不全心全意地研究化学，不对化学知识展开积极追求，他就不会成为化学家；如果洛克菲勒的潜意识里不渴望财富，行动上不去追求财富，他就不会成为身价百亿的石油大王。

经过潜意识的思考，经过行动上的追求，人才会获得自己想要的。功名成就者与碌碌无为者，最主要的区别就在于他们的思想和行为方面的差异，用一句话说，就是：一个人追求什么，就会吸引什么，就会获得相对

应的成就。

有个人 18 岁时就开始做水手，但是到了暮年，他仍然只是船上的一名普通的装卸工。他只知道抱怨命运不济，却从未审视过自己。因为导致他一生平庸的根源不是外界环境，而是自己的思想和追求，事实上，在他的潜意识里，他一直认为自己只能当船员，他对自己从未有过更高的期望。

当然，他也许在某个不经意间梦想成为一名船长，或者干点别的事情，但这种想法和渴望不够强烈，远不如他认为“自己只适合当船员”这种想法。于是，他的斗志被现实生活的惯性轨道磨灭了。

如果他当年对自己的现状有极度的不满，并把这种不满转化为一种追求新生活的行动，那么到最后，他肯定会有所收获。遗憾的是，他并没有这么做，也许他的大脑里装着很多想法，但没有一个绝对主导的想法。所以，他才会只拥有一个碌碌无为的人生。

莎士比亚的剧本里有这样一句台词：“亲爱的布鲁图，真正该责备的并非宿命，而是我们自己，是我们自己决定了我们只会是微不足道的人。”这句台词告诉我们，人的想法对一生的重要作用。

当你想成为什么样的人，或想做成什么事情时，你必须努力让这个想法成为绝对主导的想法，这样的想法才会影响你，帮你吸引到你需要的。也正是因为有了绝对主导的想法，你才能对其他的想法保持免疫力，不会轻易受到外界的干扰，也不会轻易改变自己的追求，这会使你变得更有自控力，这种自控力反过来又会作用于你的行动，激发出你的动力，让你更积极地追求成功。

以自己定义的方式享受人生

人活在世，每一天都在追求幸福，可幸福到底是什么呢？其实，幸福没有一个衡量的客观标准，它不过是一种主观感受。我们既不能说拥有多高的文凭就算幸福，也不能说赚了多少钱就算幸福，既不能说娶了多漂亮的老婆叫幸福，也不能说做了多大的官叫幸福。幸福就像鞋子之于双脚，舒不舒服只有脚知道。同样，你幸不幸福，只有你自己知道，别人永远不可能体会到你的真实感受。所以，每个人都应该自己去定义幸福，并以自己的方式追求幸福、享受人生。

≫ 可笑的父子

有一对父子骑着毛驴去集市，途中听见路人窃窃私语：“这父子俩真狠心，两个人都骑在驴上，驴都要累死了。”

父子一听，觉得甚是羞愧，于是，儿子下来走路，父亲继续骑驴。

不一会儿，又有路人指责：“你这做父亲的怎么光顾着自己骑驴，狠心让儿子走路？”

父亲听了，觉得路人指责的有道理，于是下来走路，让儿子骑在驴上。

又过了一会儿，有路人开始指责儿子：“你这当儿子的太不懂事了，怎么能让老父亲走路呢？”

儿子听了，觉得言之有理，就下来走路。最后父子俩牵着驴赶路，但

仍有路人笑话他们："你们真愚蠢，有驴不骑！"

生活中，类似的可笑事情并不少见，很多人就是活在别人的嘴里，活在别人的眼里。殊不知，人对同一事物的看法是不相同的，如果你总是被别人的评论影响，被别人的眼神左右，那么你就像一个没有主心骨的陀螺，任由别人用手里的鞭子抽打，你才会转动起来，试问：这种生活是你想要的吗？

每个人的生命都是有限的，为什么要把时间浪费在别人身上呢？你做得再好，也有人对你评头论足；你做得再对，也有人对你说长道短。所以，还是想开一点，不把别人无端的评论放在心上；看淡一点，不在乎别人那张脸；简单一点，不要用别人的尺子丈量自己的长短。你可以把别人的意见作为一种参考，有则改之，无则加勉，但切忌过于在意别人的看法，否则，生活还有什么幸福可言呢？

≫ 人的两种活法

人的活法千千万，但是从本质上来看，应该只有两种：一种是活给别人看，一种是活给自己看。不管你是否承认，我们身边包括我们自己，有时候也是活给别人看的。见别人家买了好车，我们也想换一辆更好的；见别人家买了房子，我们也会努力去买房。我们总是觉得车子不如别人的好，妻子不如别人的贤惠，孩子不如别人的懂事……在比较中，我们默默受气，暗自较劲，总觉得不比别人强，就是一种失败。

在心理咨询中，我经常会遇到以下这种情况：

男的一直走不出失恋的阴影，他说："我一直告诉自己，一定要好好努力，出人头地，找一个比她更漂亮的，证明给她看，让她知道当初离我而去是多么大的错误！"

女的一直走不出失恋的阴影，她说："我一定要嫁一个有钱的人家，

找一个比他更帅、更有能力的男人，让他为自己当初的决定后悔一辈子。”

正所谓：“人比人，气死人。”为什么不能在别人数钞票的时候，我们安逸地欣赏风景；在别人开豪车的时候，我们轻松地陪伴家人呢？我曾经用这样的话语开导过一位心理出了问题的中年女士，最后她终于想通了，认识到：活给别人看就是在折磨自己，于是她转变了生活的观念。

一天，她到内衣专卖店花了3000元买了一套名牌内衣，同行的闺蜜问她：“你买这么贵的内衣穿在里面，别人又看不到，岂不是可惜了？”她说：“我买衣服是为了自己穿着舒服，是为了自己高兴，又不是穿给别人看的。”

的确，衣服是穿在自己身上的，只要自己穿着舒服，穿得舒心，就是幸福的，完全没有必要去取乐于别人。生活也应该保持这种态度，努力活给自己看。

≫ 做自己，活出精彩

人活一辈子并不容易，就像张爱玲说的那样：“短的是人生，长的是磨难。”活着就要吃、要穿、要住，活着就要流汗、流泪甚至流血，活着确实很累。既然如此，为什么还要费力地活给别人看呢？

桂林男孩周帅历经几轮激烈的角逐，最终站到了中央戏剧学院主考官梁冠华教授的面前，教授看着他愣住了，说：“天啊，你简直就是陆毅的翻版！你周围有没有人说你长得像陆毅？你自己觉得呢？”周帅很坚定地说：“我是自己的正版。”

亚洲飞人刘翔曾经万众瞩目，作为同门师妹的冯云却没有什么光环，当别人称呼冯云为“刘翔师妹”时，冯云只是淡然一笑：“我就是我自己，我叫冯云。”不依靠别人，不借助别人的光环，勇敢地做自己、活出自己，这才是最值得敬佩的。正如林语堂所说：“有勇气做真正的自己，单独屹立，

不要想做别人。”

世界上没有两片相同的树叶，每个人都是独一无二的，每个人都有自己的个性。也许你不一定是最优秀的，但你可以成为最好的自己。你就是你，走你的路，唱你的歌，保持你的个性，做最好的自己，活出最精彩的人生。

第五章

控制好情绪，你才能跳出自己的“掌心”

情绪仿佛是生命的河流，蜿蜒曲折地流经我们的一生。如果你和情绪做朋友，情绪的河流就是清澈的、活泼的、欢快的；如果你和情绪做敌人，情绪的河流就是浑浊的、沉郁的、狂躁的。希望自己的人生如清澈的溪流，欢快地流淌，你就一定要做情绪的主人，戒骄戒躁，保持平和；跳出“掌心”，天高任鸟飞，海空凭鱼跃。

上不了台面的“高手”

不知你是否发现：有些人平时表现很优秀，可一旦上了舞台，往往会演砸。比如，有些学生平时模拟考试成绩都挺好的，可一旦到了期中、期末考试或中考、高考，就会发挥失常，让人大跌眼镜；再比如，有些运动员平时训练的成绩都很好，在小型的比赛中发挥也很出色，可一旦到了大型比赛中，正常水平却发挥不出来。为什么会这样呢？其实，这与情绪自控能力有很大的关系。

≫ 詹森效应

曾经有一名运动员叫詹森，平时训练有素，实力雄厚，但是到了体育比赛中，却接二连三地失利，让自己和关注他的人大失所望。为什么比赛中发挥糟糕呢？他承认这是因为压力过大、过度紧张导致的。后来，人们把这种平时表现良好，但是由于缺乏应有的心理素质而导致正常水平无法发挥的现象，称为“詹森效应”。

詹森效应在运动员身上经常出现。比如，2004 年雅典奥运会前，中国男子体操世界冠军李小鹏被寄予了厚望，但是在比赛中他发挥失常，仅获得一枚双杠铜牌。同样是他，在一年前的世界体操锦标赛中，获得了两个项目的冠军，而且还是 2000 年悉尼奥运会上的双杠金牌得主。因此，我们不能说他没有夺冠的实力，只不过是他没有调整好自己的情绪，没有控制

好自己的心理而已。正如赛后李小鹏接受采访时所说的那样，这次发挥失常的主要原因是某些特殊情况给自己带来了较大的压力，心情比较紧张。

压力大、紧张，就是一种典型的消极情绪，如果我们管不住这种消极情绪，就会被它牵着鼻子走，深受其害。那么，为什么很多人管不住这种消极情绪呢？

≫ 詹森效应的三大原因

小考挺好的，大考就砸锅；训练表现挺好的，大赛就失利。詹森效应的发生，大致有以下三个重要原因：

（1）过于注重成绩和结果

有些人之所以在正式比赛中无法发挥自己真实的水平，与他过分看重比赛结果有很大的关系。一旦过于重视结果，在比赛中就容易冒出这样的念头“我不能输！”“输了怎么办？”这无形中就会让自己患得患失。在这种情况下，就容易缩手缩脚，放不开自己，不能全身心地专注于比赛，自然很难取得好的成绩。

（2）外界施加了很大压力

当一个人成绩很好，或实力很强大时，人们就会很关注他，就会对他寄予厚望。比如，一个成绩很好的学生，到了大考的时候，父母就可能对他说：“要好好考试，一定要考出好成绩，否则，就是给我丢脸。”老师则会对他说：“我对你充满希望，不要让我失望。”一个优秀的运动员同样要承受外界的压力，适当的压力会给人动力，但如果外界的压力过大，会压得人喘不过气，使人不自觉地注重结果，陷入原因（1）的困境之中。

（3）困难面前不够自信

在比赛中，当出现困难时，人的信心起着很重要的作用。信心不足，人就会畏惧，就会退缩，意志就不够坚定，就不能冷静地思考，不能使自

己进入角色，从而发挥不出正常的水平。

≫ 消除紧张心理的策略

找到了詹森效应出现的原因，我们就可以针对性地采取应对措施，从而消除紧张的心理。

（1）注重过程，淡化结果

注重过程，淡化结果，就是要做到用平常心对待比赛，不去过多考虑结果如何，减少影响自己正常水平发挥的不利因素，而是把主要精力集中到具体问题的解决中或比赛中，这样才能更好地进入状态，发挥出正常的水平。

（2）正确认识压力和紧张心理

压力和紧张本身并不会对你的免疫系统造成伤害，重要的是你如何对待压力与紧张，如果你把压力看作是一项挑战，把紧张看作是正常的心理反应，那么你就会用平常心去对待。如果当你产生压力和紧张心理时，感到全然的失望与无助，那你的心理防线很快就会崩溃。

有一组针对学生考试的研究数据显示，那些把考试视为洪水猛兽的学生，到了考试时，免疫系统的反应就会受到压抑；而那些将考试视为检验所学知识的一次机会的学生，其免疫力的反应较为强烈，能够抵抗住考试带来的紧张感和压力。所以，对一件事情有正确的认识心态是十分重要的。这就要求我们多用积极的态度看待事物，看待内心的压力和紧张。

（3）学会放松并整理思绪

当紧张情绪出现时，我们可以通过积极的自我暗示唤起自信，特别是遇到困难时，要提醒自己冷静、细心、坚持。在提醒自己的时候，要尽量用肯定的词汇，比如“要冷静”“淡定”“放松”等，而不是用否定性的词汇，例如“别紧张”“别慌张”“千万别出错”等，因为否定性词汇不但无法缓解内心的紧张情绪，反而会加大紧张的情绪。

回避策略

哲学家苏格拉底说过：“谁不能主宰自己的情绪，谁就永远是一个奴隶。想左右天下的人，须先左右自己的情绪。”自古以来，成就大业者都是情绪自控的高手，俗话说：“将军额头能跑马，宰相肚里能撑船。”他们拥有的不仅仅是宽广的胸怀，还有面对愤怒情绪即将来袭时的自控技巧。这个技巧就是回避策略，既转移注意力，不去看，不去想，不去听，做点别的事情，而不是沉浸在不良情绪中。

≫ 不懂回避的结局

20世纪60年代早期，美国有一位才华横溢的大学校长，此人资历很深，精明能干，博学多识，当他准备竞选美国中西部某州的议会议员时，人们都认为他赢得选举的机会很大，他本人也是这么认为的。

然而，在参加竞选后，有一条对他不利的消息传开了，这条消息的内容是：三年前，在该州举行的一次教育大会上，他与一位年轻教师有暧昧关系。这分明是竞争对手故意挑刺，他完全可以不理睬，可是他没有这么做。每当他听到有人说这件事时，他就控制不住自己的情绪，他感到非常愤怒，并竭力地解释，以证明自己的清白。

事实上，很多选民根本没听过这件事情，也不在意这件事情，但由于他不断地辩解，越来越多的人反而相信确有其事。有人甚至反问他：“如

果你真是无辜的，为什么还要百般辩解呢？为什么还这么愤怒呢？”但他还是控制不住愤怒的情绪，仍然在各种场合为自己辩解，最后人们真的信以为真了，就连他的太太也相信了这个消息，夫妻之间的感情也消失殆尽了。最后，他在选举中落败，从此一蹶不振。

面对谣言和中伤，这位大学校长完全可以置之不理，把注意力集中到其他的事情上。可他没有控制住自己的情绪，一下子就被谣言和中伤点燃了怒火，并钻入了牛角尖，过分地关注了不该关注的事情。实际上，他不是被谣言的制造者操控了，而是被自己的不良情绪操控了。这就是不懂回避的结局——在不良的情绪中越陷越深，直到无法自拔。

≫ 回避不良的信息

美国成功学家拿破仑·希尔曾在美国一家大型百货公司里目睹了一件事，这件事充分地说明了“回避策略”的重要性。

在百货公司的柜台前，有一位年轻小姐专门负责顾客的投诉，虽然她面对的是一群愤怒的顾客，但她始终面带微笑，耐心地指导顾客们前往相关部门解决问题，没有流露出任何憎恶的表情。见此情景，拿破仑·希尔对她的自控力大为惊叹。

很快，拿破仑注意到：前台小姐的身后站着一位年轻女郎，她在纸条上写了一些字，然后把纸条递给前台小姐。这个纸条上简要地记下了顾客的投诉内容，却省略了顾客尖酸而愤怒的言语。经过了解，拿破仑得知前台小姐是位聋人，身后的女郎是她的助手，助手通过纸条把必要的事实告诉她。

拿破仑·希尔对这对组合十分感兴趣，于是他去拜访百货公司的经理。经理说：“我之所以挑选一位耳聋的小姐负责投诉问题，是因为我一直找不到一个有足够情绪自控力的人来完成这项工作。”

是的，面对他人恶毒、愤怒的言语，没有几个人能控制自己的情绪，面带微笑地应对。不过，拿破仑从这件事情中受到了一个启发：当恶毒、愤怒的言语袭来时，如果我们能够左耳进、右耳出，对不良信息选择回避，那么这些信息就不会对我们产生不好的刺激。此后，每当拿破仑见到有人对自己做出不好的评论时，他就会立刻想起那名前台小姐镇定的微笑，心情也不知不觉地平静下来了。

≫ 想点或干点别的事情

在回避策略中，一方面我们要回避不良信息、不良情绪；另一方面，我们要让自己动起来，去想点或干点别的事情，而不是待在那里，任由不良信息刺激我们的情绪神经，把我们带到愤怒的情绪中。

回避也叫转移注意力，目的是让自己置身事外。比如，俄国著名作家屠格涅夫曾劝诫别人，当与人发生矛盾或即将要吵架时，必须把舌头在嘴里转上 10 个圈。转圈的时候，你的注意力就从矛盾事件中转移出来了，这有利于情绪的平静。

假如你因工作上的事情而烦恼，那么你可以暂时放下工作，去做点其他的事情。比如，去走廊上抽支烟，去洗手间洗个脸，还可以去楼下走一圈，或站在窗前远眺外面的世界。在短暂的回避中，你可以回忆一些愉快的事情，让自己从烦恼中解脱出来。

如果你与家人发生了矛盾，或家庭琐事让你烦恼，那么则可以去外面散散步，去公园里看看花草，还可以去球场上运动挥汗如雨。外面大的空间会让你的心胸开阔起来，让你的烦恼和苦闷快速消散，让你的情绪平静下来。

春秋时期，有个蓝田侯叫王述，此人性格十分暴烈，他意识到自己的性格不好，在与人相处时，总是很注意自控，轻易不让自己被激怒。有一次，

有个人气势汹汹地找上门来，大吵大闹，当着王述家人和仆人的面骂了很多难听的话。王述始终没有回应，而是对着墙壁站立者，一声不吭，直到那人离去了很久，他才问仆人："他走了吗？"仆人说："走了好大一会儿了。"他长吁一口气，然后转身继续做自己的事情。

王述这种回避的策略在无法离开现场的情况下很实用，毕竟有时候贸然离开现场，显得不够礼貌，在这种情况下，回避的策略就倾向于闭上眼睛、把头转向一边，尽可能不让自己去看、去听、去想，在回避的过程中，你的脑海里可以想象别的事情，把注意力转移到别处去。

心理学知识告诉我们，人在愤怒的时候，大脑皮层中会出现强烈的兴奋点，以至于造成一时间的"意识狭窄"现象，这是一种有害的兴奋，会导致不良情绪进一步扩散，甚至容易造成冲突升级，造成不可预知的后果。所以，转移注意力，主动降火，防止冲突升级是明智之举。

“制怒”的牌匾

生活中，我们经常见到有人因不能克制自己，而与人发生争吵、谩骂、打架，甚至上升为流血事件。其实事情发生的原因不过是一件很小的事情，可能只是你不小心踩到了别人，或是别人不小心说了一句不当的话。

人有七情六欲，遇到不良刺激难免会情绪冲动、怒火中烧，这是一种本能的生理和心理反应。但这种情绪不可放纵，否则，可能给我们带来无尽的悔恨。比如，世界著名诗人莱蒙托夫、普希金等，都是在与人决斗中丧命的。为什么要决斗呢？不过是因为一时的气愤而引起的，这都是缺乏自我控制能力的恶果。因此，学会克制自己的不良情绪是十分必要的。

≫ 暗示效应

第二次世界大战期间，美国兵力不足，而战争又需要一批军人，怎么办呢？后来美国军方决定将监狱里的犯人送上前线。为了避免犯人不奋勇杀敌，反而惹是生非，反戈一击，美国军方特意找来几位心理学家对犯人进行战前的训练和动员，并随他们一起到前线作战。

在训练期间，心理学家对犯人们并没有进行过多的说教，而是特别强调犯人每周要给最亲的人写一封信。信的内容由心理学家统一拟定，主要是叙述犯人在监狱中的表现如何好，如何改过自新等。犯人认真抄写之后，寄给最亲的人。

训练持续了三个月，三个月之后，犯人被送往前线。在前线期间，专家依然要求犯人定期给最亲的人写信，信的内容无外乎是在战场上如何勇敢、如何服从指挥。结果，这批犯人在战场上的表现与正规军无异，他们在战斗中的表现就像信中所说的那样。

后来，心理学家把这一现象称为“贴标签效应”，也叫暗示效应。暗示效应在生活的各个方面都有典型的表现，比如，大人对孩子的评价，会逐渐转化为孩子对自己的评价。这是因为孩子对自己的评价，主要依赖于大人，特别是自己的父母。而对于成年人来说，很容易受到自我暗示的影响。

通过自我暗示，可以激发潜意识。我们知道，很多人的潜意识只开发了 10%，而有些人的潜意识还未开发 3%，所以，我们可以通过不断的自我暗示，尤其是在消极情绪出现的时候，积极的自我暗示可以提高潜意识，激发自己的潜能，使自己变成一个有自控力的人。

≫ 林则徐的“制怒”牌匾

林则徐小时候脾气急躁，遇事容易发火，父亲认为他这个毛病对将来做人做事很不利，于是对他说：“我给你讲个故事，好不好？”林则徐平日就爱听父亲讲故事，当然拍手称快。于是，父亲给他讲了一个“急性判官”的故事：

有个判官非常孝顺父母，每次遇到不孝的罪犯，就会严厉惩治。一天，两个人绑着一个年轻人来到堂前，对判官说：“这个人不孝，不仅骂娘，还动手打娘。我们把他绑了起来，送到大人这里，让大人评评理。”

判官一听是个不孝子，立刻火冒三丈，喊道：“来人呀，给我仗打五十大板！”

年轻人有口难辩，只好挨了五十大板。没过多久，一位大娘拄着拐杖来了衙门，边哭边说：“大人，刚才有两个强盗想抢我家的牛，被我儿子

捉住了，可他们反而把我儿子绑起来了，求大人替我做主，帮我找回儿子，我只有这么一个孝顺的儿子啊！”

话音刚落，就听到那个被打的年轻人有气无力地喊道：“娘，我在这里！”

父亲给林则徐讲这个故事，就是让林则徐不要冲动，要控制情绪，保持冷静，他对林则徐说：“你的性子急躁，我为你的将来担心，希望你改正自己的毛病。”

林则徐意识到自己的弱点，做了大官后，仍然不忘父亲的教导，并且在书房挂上“制怒”的牌匾，时刻告诫自己要控制不良情绪。

为什么要挂“制怒”的牌匾呢？这是因为每次看到这两个字时，就是对自己的一种积极暗示。大脑受到的暗示多了，这种暗示就会慢慢进入到潜意识，潜意识则会控制自己的行为。

≫ 自我暗示的技巧

美国作家马克·吐温说过：“恰当的用字极具威力，每当我们用对了字，我们的精神和肉体都会有很大的转变，就像在电光石火之间。”生活中，如果我们善于运用积极的语言、词汇来暗示自己，就可以避免不良情绪的影响。

比如，在情绪冲动的时候，暗示自己“冷静一点”；在即将愤怒的时候，暗示自己“保持理智”；在失败的时候，暗示自己“我能行”。你还可以像林则徐那样，把对自己的暗示写在纸上、贴在墙壁上、床头边、办公桌上，每看一次都会提醒自己一次。

再比如，如果你想获得成功，可以经常在心中默念：“我会成功的，我一定会成功。”经过这样不断地反复暗示，当你的潜意识能够接受这个指令时，所有的思想和行动都会积极地配合这个想法，从而提升你的

意志力。

此外，声音的力量能够影响我们的潜意识，能够增强自控力和自信心，并带来积极的行为。比如，当你感到恐惧时，当你缺乏自信时，不妨大喊几声，既是释放恐惧的情绪，也是给自己加油打气，使自己迅速恢复力量。

最后，与大家分享一个自我暗示的最实用的办法，那就是想办法让自己笑，用微笑、大笑来进行自我暗示。著名科学家法拉第年轻时，由于工作十分紧张，导致精神失调、身体非常虚弱，经过长期的药物治疗，仍然没有好转。后来，一位名医检查了他的病情后，对他说："一个小丑进城胜过一打医生！"法拉第领悟到这句话的真意，知道医生劝他多接触搞笑的事物。从此以后，他经常抽空去看马戏团表演、看滑稽剧和喜剧，经常乐得开怀大笑，久而久之，他的心情变得非常愉快，心理和身体也恢复了健康。

冥想控制情绪

有些时候，我们明知道自己是在无理取闹，明知道自己犯脾气会伤人，但我们就是停不下来，就是管不住自己的言行，管不住自己的情绪。为此，我们也曾苦恼过，懊悔过，但这根本解决不了问题。

也许你认为，坏脾气是天生的，是改不了的。其实不然，神经科学提供的确切证据表明：人脑是可塑性的物质。我们人生中的每一次经历，都会对大脑进行重组，小提琴家头脑的改变，实际上是得益于他们日趋完善的练习，以及练习之余的冥想。通过冥想与练习，他们越来越接近于心目中的自己。同样，通过冥想，我们也可以成为心目中那个善于控制情绪的人。

≫ 冥想的神奇力量

美国有一项研究显示，如果人能集中注意力，坚持练习冥想，他便可以有效地缓解压力、提高自控能力。这项研究选择了十名大学生作为研究对象，分为两组，每组五人。第一组坚持每天练习冥想二十分钟，持续练习五天；第二组只是做很平常的放松训练。结果显示：第一组学生在注意力和整体情绪控制上都有明显的改进，他们曾经存在焦虑、紧张、愤怒、疲劳等情绪，都得到了不同程度的缓解。

从这项实验中，可以看到：当我们感到压力大、情绪不好时，可以通过练习冥想来控制自己的情绪。这种冥想可以有效地将意识训练与行为训

练结合在一起，意识训练表现为静坐、静立，集中注意力，调整呼吸；行为训练表现为，进行轻柔的肢体放松。两者结合起来训练，可以通过调节呼吸、放松身体，起到缓解压力的目的。

在冥想期间，一定要将注意力逐渐集中到自己的呼吸上，并努力调整呼吸，或采取某种姿势，让外部的不良刺激减到最低程度。如果我们每天都抽出一定的时间来冥想，来调整呼吸，就可以达到很好的缓解压力和改善情绪的效果。

≫ 冥想三步曲

冥想的关键在于想，有人曾问我：“想什么呢？”这个问题提得很好，冥想要想的问题有三个，我将它称之为“冥想三步曲”。首先，冥想是为了搞清楚当时的感受，认清引发情绪的原因，再找出适当的方法缓解或表达情绪，了解了这些之后，那么对冥想三步曲就有了一个大致的认识了。

第一步：What——我现在有什么情绪？

很多人平时比较容易压抑自己的情绪感受，或认为有情绪是不好的，因此，经常忽略了自己的真实感受。因此，建议大家在冥想的时候，先去察觉自己的情绪，并接纳自己的情绪。有一点需要我们明白，情绪并没有好坏之分，只要是我们真实的感受，我们就有必要正视它、接纳它。当我们认清了自己的情绪，知道当下的感受，才有机会去掌控它，而不是被情绪所左右。

第二步：Why——我为什么有这种情绪？

当你生气时，试着问自己：“我为什么会生气？”当你难过时，你也可以问自己：“我为什么难过？”通过对自己提问，找出你产生当下这种情绪的原因，思考这种情绪的出现是否正常？做好了这一步，才能为第三

步的对症下药做铺垫。

第三步：How——如何有效地缓解或消除这种情绪？

当你搞清楚了自己情绪产生的原因后，你要做的就是思考：用什么方法来缓解自己的情绪，平时当你心情不好时，你是怎样处理的呢？你最喜欢用什么方法应对不良情绪呢？如果你没有特别好的办法，不妨试试冥想吧，你可以平静地坐在沙发上，或躺在床上，让人脑完全放松下来，让思绪随意而动。在冥想的时候，可以播放一些舒缓的轻音乐，让思绪随着优美的旋律跳舞，让不良情绪随着此旋律而消散。

≫ 冥想的注意事项

研究发现，冥想是一个缓解压力、调节情绪的过程。在冥想的过程中，有以下事项是需要注意的：

（1）冥想的环境

冥想适合在安静的环境中进行。比如，自己的房间、森林中、无人的草坪上，或清晨的河边等等。当你冥想时，记得关掉手机，或把手机铃声调到静音，关掉电视，让自己不受打扰。这样便于得到理想的冥想效果。

（2）冥想的技巧

在冥想期间，你可以选择双腿盘坐在地上，也可以选择一个让自己感到舒服的身体姿势。比如，平躺在床上，或靠在沙发上，只要让身体处于放松状态即可；闭上眼睛，或让眼睛处于半睁半闭的状态，身体要保持不动；开始的时候，先做三次深呼吸，从鼻孔中吸气和呼气，同时让意识像呼吸一样弥漫全身；观察完整的呼气和吸气过程，看呼吸的长短、深浅、快慢，不必刻意调整呼吸，保证呼吸是你最舒服的节奏即可。

（3）冥想的时间

最开始学习冥想时，两分钟对你来说，就像两个小时。我们练习冥想

是为了让自己放松下来，缓解紧张、焦虑的情绪，但由于时间太短，效果不明显，经过多次练习，我发现当冥想持续 15 ~ 20 分钟效果最佳。当然，我们可以从短时间的冥想，一步步地增加时间，直到冥想达到你最舒适的效果。

对于不同的人来说，每天所需要的冥想时间是不同的，有些人也许冥想 10 分钟就觉得很轻松，时间再长一点，反而会产生烦躁情绪；而有些人每次则需要冥想 20 分钟。所以，建议根据自己冥想的效果，确定每次冥想的最佳时间。

心理宣泄法则

某公司的一名经理被老板训斥了，经理有气，便训斥下属；下属窝了一肚子气，憋着回到家里向妻子发火；妻子受了委屈，便把气撒到女儿身上，还打了女儿一巴掌，对女儿说：“你怎么这么烦人！”女儿受了委屈之后，气愤地踢了小猫一脚。这就是心理学上的“踢猫效应”，指的是由于不合理的情绪发泄而产生的坏情绪传染的连锁反应。

从这则故事中，可以看到：人在遇到烦心事、产生坏情绪之后，会本能地做出一些宣泄，以促进自身心理的平衡。但如果宣泄的方式不恰当，伤害了无辜的人，则是不可取的。因此，一定要找到正确的心理宣泄途径。

≫ 安全地攻击发泄

人的心理压力过大、情绪反应过激时，体内往往会产生“攻击性能量”。如果这种能量没有发泄出来，会严重影响人的身心健康。因此，我们要找到安全释放“攻击性能量”的途径。让我们先来看一则故事：

有个孩子脾气很坏，经常乱发脾气。这天，父亲给他一袋钉子，让他发脾气的时候就在后院的篱笆上钉一个钉子，并告诉他应该学会控制坏脾气，争取让钉子越钉越少。就这样，每当这个孩子脾气爆发时，就往篱笆上钉钉子。慢慢地，他钉的钉子越来越少，他的自控力也越来越好了。

终于有一天，父亲和孩子来到后院的篱笆处，让他把所有的钉子都

拔出来。孩子很高兴地将钉子一颗一颗地往外拔，拔完钉子之后，看着篱笆上的洞，父亲对儿子说："当你对别人发脾气时，就好比往篱笆上钉钉子，虽然事后可以道歉，钉子也可以拔出来，但留下的伤疤却永远存在。"

父亲的话告诉我们：不要随便向别人发脾气，那样会伤害别人，给别人留下伤痕。同时，我们也可以看到：要选择正确的发泄途径。比如，向篱笆上钉钉子，就是一个不错的释放"攻击性能量"的途径。

当然，还可以通过大喊大叫、拧毛巾、摔枕头、捶沙发等方式发泄不良情绪。不过，这种发泄方式带有一定的破坏性，所以，要注意时间、地点、方式、方法，以不影响别人，不伤害别人，不伤害自己为基本原则。

比如，用喊叫的方式来发泄不良情绪时，最好在别人听不见的地方；如果摔东西，最好采用比较经济的办法，如摔毛巾、摔枕头，因为这些东西摔不坏，就算摔坏了，损失也不大。

在日本很多企业中，都有一个专门的房间，里面有总裁的照片或雕像，员工有怨气的时候，可以对着照片或雕像破口大骂，甚至拳脚相加，把所有的怒气发泄出来。然后，转身走出房间，轻装上阵，投入到下一阶段的工作中。

在欧美，也有专门供人发泄的俱乐部，里面可供发泄的途径五花八门，比如，不伤人的玻璃，顾客可以尽情地摔；或充气的小人，顾客可以愤怒地摔打。在国内，目前这种可供发泄的设施比较少，因此，我们要自己想办法去发泄。

≫ 向朋友倾诉

有一项调查显示：朋友多的人，寿命比没有朋友的人要长二十年。这是因为与朋友倾诉、交流，有益于人的身心健康。所以，当你遇到不顺心

的事情时，不要独自承受，而应该多和朋友、家人交流谈心。你可以在朋友面前倾诉委屈和痛苦，表达愤恨之情，宣泄积压在心头已久的不良情绪。

当你遇到思想困惑，陷入烦恼时，可以与知心朋友交流。朋友作为旁观者，可以更客观地看待问题，更冷静地思考问题，更深刻地分析问题，从而让你大受启发，大有触动，让你的坏情绪大大减少。

当你觉得受了委屈时，甚至可以在家人或朋友面前哭出来。有科学研究证明：女性之所以比男性长寿，除了身材矮小、代谢消耗低和生活工作环境相对安全以外，主要原因在于女性喜欢倾诉和哭泣。还有研究表明：哭得多的人比哭得少的人更健康。相反，想哭却不好意思哭，或受外界环境的影响，刻意地压抑自己的情绪，反而会对身心造成不良的影响。所以，不要故作坚强，该哭时不妨哭出来，哭并不代表你弱小，那只不过是一种情绪宣泄的方式。

≫ 简单的宣泄方式

除了安全地攻击发泄和向朋友倾诉之外，最简便、易操作的发泄方式还有以下几种：

（1）听音乐

当不良情绪侵袭你的内心时，音乐是你疗伤的最有效的武器。你可以听动感的舞曲，边听边跳，让整个身体动起来，让不良情绪随着汗水流淌出体外；你还可以听美妙的轻音乐，在婉转动听的音乐声中调节和改善情绪。

（2）唱歌

唱歌是释放不良情绪的有效方式，当你跟着美妙的旋律，专注地唱歌时，你会发现所有的烦恼都会被忘得一干二净。那一刻，你整个人都沉浸在音乐声中。因此，心情不好的时候，不妨约上几位朋友去唱歌，大声而

专注地歌唱，不要在意唱得好不好听，大声唱出来，就达到了宣泄不良情绪的目的了。

（3）看电影

心情不好的时候，去电影院看电影，最好是看喜剧，让你在捧腹大笑的过程中，把不良情绪统统赶出体外。当然，也可以在家里看电影，看恐怖的、动作的、战争的，能让你把自己融入电影的故事情节中，感受电影人物的心理，而不是纠结于自己的烦恼。这样，你的负面情绪就会在不知不觉中消失。

（4）体育运动

宣泄不良情绪的方法中，有一个是不得不提的，那就是体育运动。比如，打篮球、踢足球、打羽毛球、跑步、骑自行车等等，都是发泄不良情绪的有效途径，不但经济实惠，还能达到健身的目的。当你跑完一段长距离之后，看着全身流淌的汗水，那种轻松感会让你瞬间觉得所有的烦恼都不值一提。

补偿心理，负面情绪也有正能量

每个人的一生都要经历许多负面情绪，虽然负面情绪是不好的东西，人人都不喜欢它，但它在心理健康方面却扮演着重要的角色。如果处理得当，负面情绪也能带给我们正能量。

美国奥林大学的一项研究显示：能够经历和表达自己复杂情绪的人，心理健康水平会提升，而忽略或逃避负面情绪，则对心理健康的提升无益。该研究的发起人之一、奥林大学的心理学助理教授乔纳森·阿德勒指出：“与只表达喜悦情绪或只表达悲伤情绪的实验者相比，那些表达出悲伤和喜悦混合情绪的实验者心理健康有明显提升。”

如果因为负面情绪感到羞愧或内疚，那往往会让心情和事情变得更糟糕，甚至会错过负面情绪可能带来的好处。反之，如果能恰当地处理负面情绪，那么，负面情绪也会产生正能量。

≫ 负面情绪的正能量

负面情绪也有正能量，也许这是你第一次听说，下面就来列举几种常见的负面情绪所具有的正能量。

（1）愤怒可以激发创造力

有人说，负面情绪会扼杀创造力，但有科学研究表明：负面情绪有时候也会激发创造力。比利时根特大学的研究院曾对 100 位具有创造力的专

业人士进行调查研究，记录了他们一天当中的情绪状况。研究发现，那些一天当中，以负面情绪开始、以正面情绪结束的实验者最具创造力。调查发现，基本上最有效率的日子，都是伴着消极情绪开始的。

作家大卫·伯克斯建议：当你心情不好时，最好去处理一个特别难的问题或者解决一个拖了很久的项目。在面对这类工作时，你会把负面情绪当成动力，这会使你充满创造力。负面情绪可以帮你更深入地了解问题，并找到解决问题的方法，而这些是你心情好的时候永远也做不到的。

（2）逆境可以改变人生观

有一句话说得很好："那些没有彻底击倒你的东西只会让你更强大。"生命中，最大的困难和挫折也许就是你成长和进步的机遇。古话说得好："塞翁失马，焉知非福。"当你经历了重大挫折之后，你对世界、对人生的认识也会有所改变，你会变得更加坚强、更加成熟，你会认清生命中你真正重要的是什么。

（3）羞耻感可以更好地与人相处

羞耻感往往让人不愿意与别人接触，怕自己那些缺点被人发现，但羞耻感也有积极的意义，那就是我们可以战胜它，然后更好地与人相处。作家布瑞恩·布朗说过："只有当我们认为自己是孤独的时候，才会产生羞耻感。当我们愿意和别人交流的时候，羞耻感就不会存在了。"

（4）悲观情绪可以提高工作效率

当一个人陷入悲观情绪中时，身边的人经常会劝他往好的方面想，这种劝慰并没有什么不对。但要注意的是，如果没有经历一定程度的消极悲观，只是一味地乐观，这并不是一种积极的态度。沃顿商学院教授亚当·格兰特曾表示："那些总是把事情往最坏的地方想的人，与那些战略性的乐观主义者，在各项不同任务中的表现同样出色。"

绕圈跑的爱迪巴

古代的西藏有个人名叫爱迪巴，他的房子周围和土地的边缘，被踩得十分坚硬。这都是他跑步时踩出来的。爱迪巴脾气不好，为了控制不良情绪，每当他要和别人争执时，他就会飞快地跑回家，绕着自己的房子和土地跑三圈，然后坐在一边喘气。

爱迪巴有个优点，那就是干活很勤快，由于他的努力，他的房子越来越多，土地也越来越广，但他绕圈跑的习惯仍然保留了下来。只要与人争论生气了，他就会绕着房子和土地跑三圈。

人们对爱迪巴的做法十分不解，但不管别人怎么问，他都不会说出真实原因。直到爱迪巴很老了，已经拥有很多房子和土地时，有一天，他拄着拐杖对子孙们说：“知道我为什么这么多年经常绕着房子和土地跑吗？”大家纷纷摇头。

爱迪巴说，年轻的时候，他和人吵架、争论、生气时，就绕着房子和土地跑，边跑边想：“我的房子这么小，土地这么少，我哪有时间和资格生气，我要把所有的时间和精力都放在重要的事情上。一想到这里，他的气就消了。”

子孙们问：“那为什么你这么大年纪了，还经常绕着房子和土地跑呢？”

爱迪巴说：“后来我的房子越来越大，土地越来越多，当我绕着房子和土地跑的时候，我就想：我房子这么大，土地这么多，我还有必要和别人计较吗？难道我的胸怀还不如我的土地宽广吗？一想到这里，我的气也就消了。”

聪明的爱迪巴不但找到了一个很好的制怒的方法，还在绕圈跑的过程中，从负面情绪中找到了正能量，明确了人生的重要事情是什么。于是，他才会把更多的时间和精力投入到奋斗中，所以，他的房子才会越来越大，

土地才会越来越多。

当我们生气时，不妨像爱迪巴那样，想一想我们当下拥有什么。如果当下拥有的太少，那就告诉自己："我哪有时间和资格生气？"如果当下拥有的很多，那就对自己说："我都拥有这么多了，还有必要计较那些小事吗？"这样一想，很多烦恼自然就会消散了。

≫ 化痛苦为力量

德国著名的思想家、作家歌德年轻时，爱上了他朋友的妻子，这种欲望无法实现，让歌德非常痛苦。为了忘掉这种不能实现的爱情，歌德把自己关在房间里，什么人都不见。几个星期之后，他写了一部世界名著——《少年维特之烦恼》。

歌德把无法满足的欲望转化为创作的动力，在创作的过程中，宣泄了内心的痛苦，熬过了对那种欲望的迷恋，最终获得了新生，而且还因该著作而成名。

在现实生活中，每个人都有一些想实现却无法实现的欲望，也有一些痛苦的情绪，有的人把这些不良的情绪统统视为敌人，用仇恨、抱怨、消极的态度对待生活，很快，周围的一切人和事都成了他们的敌人。

殊不知，不良情绪也能产生正能量，关键在于我们怎么去对待它。如果我们能找到正确的方式应对或消除不良情绪，那么就有可能像歌德那样，化不良情绪为正能量，从阴暗中走向光明，获取成功。

第六章

性格透视：怎样才能管住你自己

世上没有绝对的强者，也没有绝对的弱者。强者之所以成为强者，弱者之所以成为弱者，最大的差别在于他们的性格不同。强者的性格中包含了坚强、忍耐、自控；弱者的性格中却只有脆弱、暴躁、放纵。如果你想提升自控力，最行之有效的方法就是修炼坚强、忍耐、自控的性格，不再做懦弱性格的奴隶。

性格的终极意义

生活中，千人千面，其实人的性格也是这样，每个人的性格也是不尽相同的。有些人性格沉稳，遇事冷静；有些人性格暴躁，遇事易怒；有些人性格刚毅，遭遇挫折可坚强面对；有些人性格脆弱，遭遇失败则意志消沉。不同的性格之下，人的自控力是不同的。要想最大化地提高自控力，还需修炼忍耐、忍让、克制的性格。

古人云："小不忍则乱大谋。"如果凡事随着性子来，想爆发就爆发，而不思考自己的行为会导致什么后果，那么我们就很容易陷入麻烦。清朝文学家傅山说过："愤怒达到沸腾时，就很难克制住，除非'天下大勇者'才能做到。"因此，不要轻易把自己卷入愤怒的情绪中，否则，你的性格是很难帮你自控的。

≫ 一支香烟引发的悲剧

阿兰·马尔蒂是一名警察，这天晚上，他便装来到市中心的一家商店买烟。正当他准备进店时，一名流浪汉向他讨烟抽，马尔蒂说："我没有烟，我正要去买烟呢！"当马尔蒂从商店买完烟走出来时，流浪汉又缠着他索要香烟。马尔蒂不给，于是两人发生了口角。

一开始只是相互谩骂和嘲讽，慢慢地，两人情绪逐渐激动。马尔蒂掏出警官证和手铐，对流浪汉说："放老实点，否则我就要给你点颜色看看

了。”流浪汉反唇相讥：“你不就是个混蛋警察吗？看你能把我怎样？”在言语的刺激下，两人扭打起来，旁人见状，纷纷过来劝架，劝他们不要因为一支香烟而打架。

被劝开后，流浪汉骂骂咧咧地走了，他边走边喊：“臭警察，有本事来抓我呀！”失去理智的马尔蒂掏出手枪，冲了过去，朝流浪汉连开了4枪……结果，马尔蒂以故意杀人罪入狱，刑期30年。

为了一支香烟，一个人死了，一个人入狱了，而罪魁祸首是失控的情绪。当情绪失控时，平日性格沉稳的人，恐怕也无力自控了。这则故事告诉我们，在愤怒情绪爆发的最初，我们就应该及时克制自己，不让它愈演愈烈。

≫ 顾全大局

小不忍则乱大谋，忍让、忍耐是为了长远的大局着想，是顾全大局的表现。忍不住眼前的不公，忍不了当下的可恶之人，凭意气用事，最终可能全盘皆输。所以，忍让、忍耐不应该只是成为你性格中的一种特质，更应该成为你智慧中的一种利器。

北魏孝文帝当政时，文明太后正手握大权，孝文帝如果忍不了她，稍有动静，太后便可以置他于死地。幸亏孝文帝是个聪明人，他懂得忍辱负重，事无巨细，一律上报太后，赢得了太后的信任。最终，在太后死后，恢复了国君应有的实权。

假设孝文帝在太后活着的时候，便举行“事变”，结果很可能搭上自己的性命，然后太后再立新君。那么，历史上就不会出现来后促进民族融合的伟大壮举了。

孝文帝的故事告诉我们：忍耐和忍让是一种智慧，是一种成熟睿智的气度。在生活中，忍耐和忍让无处不在，无人不需。不能忍耐和忍让的人，很容易意气用事，鲁莽行事，最后害了别人，更是毁了自己。忍耐和忍让

是强者的性格，是生存的第一项修炼。

≫ 忍让也能变乐趣

生活不可能事事如意，也不可能光靠一张嘴，或动刀动枪使用暴力就能解决问题。生活需要忍让，可是忍让并不是一件容易的事情，它会让人感到难受。那么，有没有一种办法可以让“忍”变成一件有趣的事情呢？

在一次庆功宴上，一位年轻的士兵在倒酒的时候，不小心将啤酒洒到了将军的秃头上。众人目睹此景，不禁骇然，那位士兵吓得颤颤巍巍，手足无措。没想到，将军竟然打趣道：“年轻人，你以为用这种办法就能治好我的秃头吗？”将军话音刚落，全场爆发了一阵笑声。将军的宽容大度与忍耐之心，不禁让人肃然起敬，众人领略到什么叫将军风度。

宽容与忍让是一种美德，也是一种性格和品格，是自控力的重要组成要素。聪明的人不应该只是忍让，还要知道怎么忍，他们懂得在忍让的时候表现出幽默的智慧，让痛苦的忍让变成一件令人愉快的事情，这无疑是忍让与克制的最高境界。

聪明的人还懂得，在该忍让的时候要忍让。比如，在对方情绪爆发的时候，我们不应该与之硬碰硬，而应该用忍让来给对方降火。这时的忍让不是胆小懦弱，而是宽容大度和智慧的体现。古希腊著名的哲学家苏格拉底就是一个知道什么时候该忍让的人。

苏格拉底的老婆非常泼辣，动不动就会对他进行无礼地谩骂。有一次，老婆对苏格拉底喋喋不休地唠叨，接着就是破口大骂。苏格拉底早已习惯了这一切，就一声不吭地往外走。刚走出家门口，就被追上来的老婆泼了一盆凉水，顿时苏格拉底全身湿淋淋的。

邻居见了，纳闷地问苏格拉底：“为什么你老婆这样对你，你还不还口呢？”

苏格拉底不紧不慢地说："我知道，闪电之后就会有一场倾盆大雨。"

苏格拉底对老婆是宽容大度的，更是善于自控的。他知道在老婆爆发不良情绪时，要克制自己的情绪，用冷静和忍让来回应对方。哪怕遭到了对方的无礼相待，他也能保持豁达之心，不生气，不动怒。这种超级忍耐力值得每一个人去修炼。

巧避锋芒的策略

塑造超级忍耐的性格，并不只是为了宽容别人，更是为了放过自己。当你面对别人的挑衅、中伤和不怀好意的激怒时，唯有忍耐、忍让才能巧避锋芒，避免被刺伤。如果我们管不住自己的情绪，克制不住自己的怒火，一点就着，一激就怒，那么就掉进了别人的圈套，最终害了自己。

≫ 忍——胯下之辱

西汉开国功臣韩信年轻时，曾在大街上被一群恶少当众羞辱，其中有个人是屠夫，长得五大三粗，他对韩信说：“你虽然长得又高又大，喜欢带着刀和剑，但其实你胆小如鼠，有本事的话，就用你的剑来刺我。如果不敢，就从我的裤裆下钻过去。”

韩信自知势单力薄，不能与之硬碰硬，否则吃亏的是自己，于是便当着众人的面，从那屠夫的裤裆下钻了过去。这就是史书上记载的“胯下之辱”。当时韩信做出钻裤裆的举动，并非完全处于胆怯，而是认清了现实，看清了局势后的睿智之举。

后来，韩信在刘邦帐下立下了汗马功劳，当上了大将军，当他找到当年的那个屠夫时，屠夫以为韩信要找他报仇，但没想到韩信却感谢他，对他说：“如果没有当年的胯下之辱，恐怕就没有今天的韩信。”

面对他人的挑衅，而自知实力不如人时，忍耐、忍让是最好的选择。

也许别人会把你的忍耐、忍让看作是胆小懦弱，但这没有关系，通过忍耐、忍让，避免自己受伤害才是上上之策。

》让——风平浪静

古时候，有个典当行的老板叫尤翁。有一年的年底，他的店铺里来了一位穷邻居，并且和伙计吵了起来。尤翁出来了解情况，伙计对他说："他将衣服抵押了钱，却空手来取，我不给他，他就破口大骂，哪有这样不讲道理的人？"

尤翁见那个穷邻居气势汹汹，不仅不肯离开，反而坐在当铺的门口。于是，他冷静想了之后，就过去对邻居说："我明白你的意图，不过是为了度年关，为了这种小事情真的没必要争吵！"说完，他让伙计找出那些典当之物，还顺便拿出一件棉袄给她，让他别冻着了。

那位穷邻居拿到衣服后，也不好意思再闹下去，就离开了。

当天夜里，那个穷邻居就死在了别人的家里。原来，这个穷邻居同那家人一直有矛盾，还打了一年多的官司，因为负债过多，不想活了。那天他服下了毒药，想去尤翁的当铺里敲诈一笔。没想到尤翁是个能忍耐的人，通过让一步，化解了他的无理取闹。于是，他就把矛头转移到了另外一家。

事后，有人问尤翁："为什么你能容忍他呢？"

尤翁说："凡是无理挑衅的人，必定有一定的倚仗。如果在小事情上不让步，那么就会灾难临头了。"旁人听了这话，无不佩服尤翁的见识。

人的命运有时候不是大事情决定的，而是日常小事情决定的。试想一下，如果尤翁不懂得让步，因为那件小事情而与穷邻居对着干，那结果他一定会惹一身麻烦。而这种情况不正发生在另外一家人身上了吗？所以，做人应该学会忍让，正所谓"让一步风平浪静"。

≫ 退——以和为贵

春秋战国时期，赵国舍人蔺相如奉命出使秦国，不辱使命，完璧归赵。回来之后，被赵王封为上大夫。之后，蔺相如陪同赵王赴秦王设下的渑池会，使赵王免受秦王侮辱。赵王为表彰蔺相如的功劳，封他为上卿。这让战无不胜、攻无不克的老将军廉颇非常嫉恨，他认为蔺相如不过一介文弱书生，仅凭口舌之功就得到了高官厚禄，而且位居自己之上，心中很是不服，所以屡次对人说："以后让我见了他，必定会羞辱他。"

蔺相如得知此事后，以大局为重，请病假不上朝，尽量避开与廉颇碰面。有一次，蔺相如出行时碰到了廉颇的马车，于是立即让车夫换道避让。车夫十分不解，以为蔺相如怕廉颇。但蔺相如说："我连秦王都不怕，我怕他什么，我这样退让不过是为了维护国家利益。因为一旦我和廉颇不和，秦国就会趁势进攻，那样赵国就危险了。"

后来这些话传到了廉颇耳里，廉颇明白了蔺相如的良苦用心之后，向蔺相如负荆请罪。之后，两人和好，尽心尽力地辅佐赵王治理国家。这就是历史上有名的"将相和"，将相和使强大的秦国不敢入侵，赵国得以安宁。

退一步海阔天空，退一步以和为贵。人与人之间，和睦是最大的福分，在家庭、邻居、同事、朋友之间，我们也应该尽力维护和睦的人际关系，这就需要退让，需要妥协，需要管住自己那颗争强好斗的心。如果能多为大家的关系着想，不争一时的虚荣，那么生活将会变得宁静祥和。

≫ 弱——巧避锋芒

无论是在生活中，还是在生意场上，当我们处于弱势地位时，如果懂得巧妙示弱，避开对方的锋芒，懂得在退让中积蓄力量，在妥协中调整自己，那么等到时机成熟时，我们就可以一鸣惊人。

日本东京有一家中国菜馆，老板是日本商人，生意十分红火。后来，有三个中国留学生在这家中国菜馆对面开了一家中国餐馆。最开始只是一个小门面，但因为菜很正宗，生意非常好。

日本那家中国菜馆的经理很着急，与老板商量应对办法。没想到，老板却让经理每天买一道中国餐馆的菜，买回来认真研究。两个月后，中国餐馆的菜被日本这家菜馆买齐了，而且还把这些菜研究透了，也能做出原汁原味的中国菜。

与此同时，日本这家中国菜馆提高了服务水平和就餐环境，而且还提供了送餐服务，并且价格比留学生开的餐馆的价格低10%。就这样，顾客又慢慢地被吸引到日本商人开的中国菜馆。一段时间后，留学生开的餐馆因顾客太少，已经没办法坚持下去了。

这位日本商人不愧是市场竞争中的好手，面对比自己强大的竞争对手时，他懂得采取示弱的策略，巧避对手的锋芒。并在以退为进中悄然超越对手，一举击败对手。

在军事上，示弱是一种战术，通常是诈败退却，令敌人骄纵轻敌，陷入自己设下的陷阱之中。示弱是为了生存，是为了另找出路，是为了最终的强大。所以，示弱没什么丢人的，为了最终的强大，当下的自控与示弱是值得的。

隐藏在勾践背后的动力

春秋时期，吴国与越国相邻，经常发生战争。有一次，吴王率兵攻打越国时，被越王勾践的大将灵姑浮砍中了右脚，最后因重伤而身亡。吴王死后，他的儿子夫差继位，随后，夫差率兵攻打越国，以报杀父之仇。

吴越两国大军在夫椒交战，越国伤亡惨重，吴国大获全胜。越王勾践被迫退到会稽，夫差派兵追击，把勾践围困在会稽山上，形势十分危急。大夫文种向勾践献策，让他准备金银财宝和美女，派人偷偷送给吴国太宰，并通过太宰向吴王求情。最后，吴王答应了越王勾践的求和。

≫ 留得青山在，不怕没柴烧

吴王答应了勾践的求和，并不意味着就让勾践平安无事地活着。他要求勾践带着妻儿老小和奴仆，前往吴国为奴。作为一国国君，勾践没有任何谈判的资本，他带着老婆去了吴国，以自己为人质，尊严尽失、颜面扫地。

到了吴国之后，勾践夫妻住的是石屋、穿的是粗衣、干的是杂役，还要自己拾柴做饭，这是活生生的奴隶般的待遇。这还不算什么，吴王让勾践养马，每当他出行时，就让勾践牵马坠镫，让吴国上下都知道这个牵马的人是越王。这对一国之君来说是莫大的侮辱。

在吴国为奴的日子里，勾践夫妻谨言慎行，整日蓬头垢面，而且随时可能有杀身之祸。因为吴国的大臣经常劝夫差杀了勾践，以免留下后患。

因此，勾践要想尽办法赢得吴王的信任，保住自己的性命。

有一次，吴王夫差生病了，勾践为了表明对夫差的忠心，竟然亲自去尝夫差大便的味道，以此判断夫差疾病康复的日期。庆幸的是，夫差病好的日子，正好与勾践预测的日子相吻合。这件事让夫差认为，勾践对他是真心的忠诚，于是，他对勾践十分信任。不久之后，夫差把勾践夫妇放回了越国。

≫ 卧薪尝胆，寻找刺激源

勾践夫妇回国之后，面对百废待兴、百业待举的国家，他立志要奋发图强，强大越国，报仇雪恨。为了不忘国耻，他每天睡在柴薪之上，卧室里悬挂着一块苦胆，每天都要舔一舔苦胆，以警示自己不忘国耻，不忘艰苦奋斗。历经十年的集聚，越国终于从弱小变得强大，最后一举灭了吴国。吴王夫差羞愧之际，自杀身亡。

很多人佩服勾践的隐忍，因为三年为奴的日子，如同钝刀割肉，那一刀一刀地下来，不但摧残着人的身体，更摧残着人的意志。可以说，勾践在吴国的三年，是在屈辱中浸泡和挣扎的三年。

在这三年里，他的目标只有一个，那就是保住性命。为了活命，他对吴国君臣奴颜婢膝，极尽阿谀奉承；为了活命，他把国家的宝物和美女送给吴国；为了保命，他做了低贱之人都不会做、都不肯做、都不能做的事情。那么，到底是什么力量驱使着勾践，让他在这种环境中隐忍呢？

首先，勾践有着强烈的复仇欲望，当这种欲望不能发泄出来时，他只能隐藏于心底。正是强烈的复仇欲望和复兴国家的使命感，激发了他的隐忍力量，使他能够迸发出强烈的自控力。这种自控力不但在三年为奴期间保住了他的性命，还在回国后的十年里依然保持艰苦奋斗的作风。可以说，勾践在吴国越是受到了奇耻大辱，越能激发他的自控力和复仇欲。三年为奴所受到的耻辱，就是勾践自控背后的最大动力。

其次，回国后的勾践，并没有忘记当年受到的耻辱，没有忘记复仇的伟大使命。为了让自己不忘国耻，他再次寻找了刺激源——柴薪和苦胆。只有痛与苦才能不断提醒勾践："过去的羞耻永远不能忘记，国家的灭亡之辱不能忘记"。有了这些刺激源之后，勾践才能在回国后的十年里，一如既往地艰苦奋斗。

生活中，有些人越是遭遇挫折，越能爆发超出寻常的斗志，这是因为挫折就是他们的刺激源，是刺激源不断地提醒他们要坚强、要奋进；有些人在安逸的日子里，也能爆发出强烈的进取心，能够管得住自己，朝着一个目标不断努力，这是因为目标就是他的刺激源，激励着他们奋勇前进。可以说，刺激源是一个人奋斗不息、拼搏不止的动力。所以，人不能没有刺激源，当你觉得没有什么可以刺激你管住自己时，一定要主动去寻找刺激源。

≫ 君子报仇，十年不晚

俗话说："君子报仇，十年不晚。"这句话用来描述勾践再合适不过了，勾践经历了三年为奴的非人生活后，又历经了十年的蓄力，终于一鼓作气地灭掉了吴国，报了十三年前的仇恨。

从勾践身上，我们看到了他在十年的时光里，一直耿耿于怀的一件事情，就是寻找报仇的最好机会。在相当漫长的等待时间里，隐忍的力量发挥了巨大的作用，自控的性格让他变得可怕。一旦时机来临，他就能让一个国家覆灭于毫无防备之下。这就是隐忍的力量。

勾践复仇的成功告诉我们：人生在世，输赢并非一朝一夕，为了眼前的利益或争眼前的一口气，而不顾长远的利益是不值得的。因此，我们应该努力成为"识时务者"，能够认清现实，又能够把握目标，在形势不允许的时候，懂得把目标埋藏于心底，然后脚踏实地的走好当下的路，在积蓄力量的同时等待机会，随时等待爆发。

把“冷板凳”坐得发烫

人的一生总会不时地遇到挫折和磨难，难免会陷入人生的“低谷”，坐上命运的“冷板凳”，不受人待见，还会有各式各样困难的“泥沙”倾倒在我们身上。这时我们不必自暴自弃，也不必怨天尤人，而应该以积极乐观的心态去面对。

≫ 股市“冷板凳”

什么是“冷板凳”呢？我们不妨借着炒股来说明这个问题。

记得有一年，我买了一只股票，买入的时候这只股票涨势不错，买入之后没过多久，这只股票就开始慢慢跌，之后是狂跌不止。看着我的股票市值不断缩水，我心里又悔又急，好几次都想割肉离场，换只涨势好点的股票，但最终我还是控制住了自己，选择了忍耐和观望。

我认真地了解这只股票对应的企业，认真分析这只股票的 K 线图，发现成交量并没有放大，它的大跌很显然是主力震仓洗盘。于是，我坚定了信心，决定坐稳“冷板凳”。半年后，该只股票迎来了转机，先是小涨，之后连续一周涨停。我在第七日最后一个涨停板抛出股票，大赚一笔离场出局。

事后我与朋友交流炒股心得时，我认为自己在主力将近 30% 幅度的洗盘中没有退出，应归功于一个“忍”字。如果没有当初的痛苦煎熬，怎

么能享受到后来股票200%增长的喜悦呢！不管是在面对股市中的“冷板凳”，还是人生中的“冷板凳”，你是选择将其坐热，还是选择逃避呢？我们该以怎样的心态去面对“冷板凳”呢？

≫ 笑坐“冷板凳”

在篮球比赛中，除了球场上的10名球员之外，场下还有几位一直没有机会上场的球员，他们坐在板凳上，或在队友下场的时候过去击掌相庆，或给队友递水，给队友递毛巾。这类队员就是常说的“板凳球员”。在一场比赛中，只有当主力队员和主力替补因为各种原因不能继续打球时，“板凳球员”才有机会上场代替他们出场。

有时候，“板凳球员”可能一个赛季都很难上场打几场球，或只有在球队大比分领先于对手的时候，在比赛即将结束的前几分钟里，他们才有机会上场。这时候他们的作用是耗掉剩余的比赛时间。可以说，“板凳球员”是不受待见的。

篮球场上有坐“冷板凳”的，在公司里也有坐“冷板凳”的，他们不被上司器重，没有施展才华的舞台。谁处在这种被冷落的位置上，难免都会沮丧失落、自怨自艾，甚至会产生逃避、退缩的情绪，例如，选择跳槽离开。这种情绪和心理是很正常的，一时的情绪低落很正常，但要想更快地走出来，关键是冷静地思考，理智地分析原因，调整心态。

在职场中，谁不希望成为公众注目的焦点？谁不希望能够成为上司眼中的红人？谁不希望呼风唤雨、叱咤风云？但转念想一想，在特定的环境里，不可能所有人都能成为主角，为什么不能把坐“冷板凳”看作是一个机会呢？一个训练自控力的机会，一个考验隐忍力的机会，一个厚积薄发、养精蓄锐的机会呢？

我以前有一位同事，他刚进公司时，很受领导的赏识，但两个月后，

不知道怎么了，领导好像对他有意见一样，刻意将他“冷冻”起来。公司有重要的项目不让他参加，有挑战性的任务不给他安排。他也不知道自己到底犯了什么错，整整几个月，领导就是不召见他，也不给他分配有分量的工作。

在这种情况下，他不急不躁，脚踏实地，每天只顾做好自己的本职工作，实在闲的话，就帮帮周围的同事。几个月后，领导终于召见他了，并且提升了他，还给他加薪了。同事们都很佩服他，说他把“冷板凳”给坐热了。

≫ 坐热“冷板凳”的秘诀

对于一个人来说，即使能力再强、运气再好，也不可能一辈子一帆风顺。作为下属，你可能得不到领导的重用；求人办事，你可能被人冷落；还有不期而遇的人生低谷，这些令人痛心的逆境，就是一张冰冷的板凳，我们应该怎样将它坐热呢？

（1）提高自身的能力

俗话说：“打铁还需自身硬。”当你得不到重用，不受人待见，处于人生的低谷时，最好的应对策略就是利用这一时机广泛收集各种信息、吸收各种知识，以此增强自身的实力。一旦时运到来，你便可以高高跃起，登上显耀的位置。你要认识到，在你坐“冷板凳”期间，也许别人正默默地观察你，如果你自暴自弃，那么恐怕“冷板凳”坐到屁股结冰时，也难以翻身。所以，不要抱怨，不要悲观，你要做的就是提升自己。

（2）建立良好的人际关系

人性之中，有一种烈性，那就是当你坐上了“冷板凳”时，那些平时对你没什么好感或对你不满的人，往往幸灾乐祸，甚至落井下石，巴不得你永远坐在“冷板凳”上下不来。这个时候你一定要学会自强，自强的办法除了提升自己的实力之外，还应以谦卑的心态结交人缘，建立良好的人

际关系。切莫在坐“冷板凳”时还表现出一副孤傲的样子，总是提当年之勇，这是没有意义的，那样只会让那些看不惯你的人多了嘲讽你的话柄，让对你有好感的人离你越来越远。

（3）保持踏实的工作作风

虽然你坐上了“冷板凳”，虽然你陷入了低谷，但该做的工作还需认真去做，切不可因为坐上了“冷板凳”，就带着消极的情绪去工作。要知道，坐“冷板凳”是一个人成功道路上经常会遇到的阶段，不能回避，我们的成绩和机会，往往是从低谷中、从“冷板凳”上争取过来的。怎么争取呢？靠的就是我们的实际行动，通过我们出色的工作才能把“冷板凳”坐热。所以，坐“冷板凳”时我们更应该爱岗敬业，一刻也不能疏忽。因为很多人都在冷眼旁观，在给你打分，如果你做得好，他们自然就无话可说。

（4）学会克制与忍耐

坐“冷板凳”的时候，难免会招来别人的冷言冷语和指桑骂槐的嘲讽，对于这些不友好的言论，我们应该学会忍耐。要时刻提醒自己，“坐冷板”期间，就是一个修炼忍耐力的机会，如果你能忍受他人闲气、嘲弄、忍受寂寞、不甘沮丧，那么熬过去之后，一定能迎来人生的光明。

“重复”是块磨刀石

古希腊哲学家苏格拉底有一天在课堂上，对学生们说：“今天我们不讲哲学，只要求大家做一个简单的动作，把双手往前摆动一下，然后再往后摆动一下，如此坚持 300 次，看谁每天都能坚持。”

过了几天，苏格拉底问大家有没有坚持，结果 90% 以上的学生都举手了；过了一个月，苏格拉底又问大家有没有坚持，这时只有 70% 的学生举手了；过了一年，苏格拉底又问了同样的问题，结果只有一个学生举手了。这个学生就是后来的哲学家柏拉图。

摆动手固然摆动不出一个哲学家，但柏拉图能够坚持每天摆动双臂 300 次，而且坚持了一年，足以说明他有着超强的自控力和坚持不懈的优秀品质。正是这种自控力和优秀的品质，成就了他的哲学梦想。

可见，重复也是一种极大的磨炼，最能考验一个人的坚持性和自控力，它就像磨刀石一样，会把人磨得越来越坚强，越来越锋利，使人变得无坚不摧。

≫ 重复行动的次数

有一位著名的成功学家曾说，他以前总认为成功的最大秘诀是知识，但后来他访问了很多成功者，了解了很多成功人士的经历之后，对成功的概念有了很大的转变，他认为成功最重要的关键是行动，是重复地行动。

对于他的这个观点，我深表认同。我认为，一个人之所以会成功，是因为他行动的次数比别人多。

假如你拜访客户，给客户打电话，别人一天打 10 通电话，你一天打 30 通；别人一天打 30 通电话，你一天打 60 通。别人学习演讲，你也学习演讲；别人一天练习 30 分钟，你一天练习 3 个小时；别人每隔一天练习一次，你每天坚持练习。如果你永远比别人重复行动的次数都要多，那么就会发现，你会创造出非常惊人的绩效。

看一看安东尼·罗宾一生的行动次数，再看看史泰龙的行动次数，还有肯德基的创始人哈兰·山德士的行动次数。你会发现成功人士有一个共同的品质，那就是愿意接受“重复”这块磨刀石的历练，而且是重复失败的行为。因为失败了，所以需要不断重复。因为不断重复，屡败屡战，坚持到底，最终成功。这是很多人成功的大致轨迹。

美国有一家名为《INK》的杂志，主要报道中小企业里的超级明星的企业家。Jomer Comic 曾是该杂志的年度封面人物，他的演讲视频我曾看过，他做的是美容美发连锁机构。在演讲中，他讲述了自己的创业经历。

在下定决心创业后，Jomer Comic 对太太说：“我准备飞到休斯敦，到休斯敦创业。”太太本身就是美发师，她很支持丈夫创业。Jomer Comic 说：“我创业期间，可能需要很多支持，需要一些资金，因此我没有办法养活你，而且你还必须通过剪发来养活你的老公。不过我可以向你保证，未来我们会过上美满的生活。”太太说：“好的，你尽管去休斯敦。”

开这个美容连锁店需要很多资金，Jomer Comic 想了很多办法寻找资金，跑了 100 多家银行之后，没有一家银行愿意借钱给他。这时他绝望了，打电话对太太说：“太太，我知道你很爱我，很支持我，甚至每个月给我寄生活费，可是我必须告诉你，我被 100 多家银行拒绝了，我必须打道回府了。我觉得这辈子是没办法成功了，没办法实现我们共同的梦想了。”

太太对他说："Jomer Comic，我非常爱你，你做任何决定我都支持你，可是在你回纽约之前，请你记住一句话：你的偶像瓦尔特·迪士尼，当初他在实现迪士尼乐园的梦想时，被300多家银行拒绝过。"Jomer Comic明白了太太的意思，于是说："是的，我知道你的意思了。"之后他继续努力，终于成功了。

一个人之所以会成功，就是因为他不断地行动，不断地重复着失败了很多次的行动。正是在不断的行动中，人的自控力得到了训练，意志力得到了磨炼，能力得到了提升，最终取得了成功。所以，不要害怕失败，不要害怕被拒绝，在你不断被拒绝，还没有成功的时候，要告诉自己：我是重复行动的次数还不够多才失败的，一定要坚持下去。

≫ 重复中的思考与提高

重复地行动并不是"做一天和尚撞一天钟"那样的混日子。职场中，很多人每天朝九晚五的上班下班，每天重复一样的工作，往往会感到疲惫。人疲惫之后，工作时就会产生消极情绪。在消极情绪的影响下，就会变得得过且过。这种没有任何提高的重复劳动，当然不是成功的秘诀。我们需要的重复是附带思考与提高的重复，这样才能让每一次重复都离成功更进一步。

洛克菲勒在成为石油大王之前，也曾经历过给别人打工的日子。他的第一份工作是查看生产线上石油罐的盖子是否被焊接封好。每一天都会有装满石油的桶罐通过传送带送到旋转台上，焊接剂从上面自动滴下来，沿着盖子滴转一周，然后油罐下线入库。洛克菲勒的工作就是保证这道工序顺利进行，不出现任何问题。

这道工序简单到小孩子都能胜任，其枯燥程度可见一斑。在很多人眼里，做这份工作就是折磨人，年轻的洛克菲勒也产生过厌烦。但由于他缺

少足够的学历，只能选择这样的工作来赚取低廉的工资养活自己。

在重复的工作中，洛克菲勒没有混日子，而是开始细心地观察这个自动焊接的过程。经过反复观察，他发现每个罐子旋转一周，就会有 39 滴焊接剂滴落下来。于是他就思考：有没有可能减少到 38 滴或者 37 滴，从而节省成本呢？此后，他开始试验并研制出了 38 滴型焊接机。这一举措为公司每年节省了 5 亿美元的开支，公司获得了巨大的收益，洛克菲勒也有了更好的发展。

真正锻炼人的还是日复一日重复性的工作。在重复的工作中，人要忍受得了寂寞和无聊，还要善于思考和改进工作方法，提高工作效率和自身的工作能力。如果能让自己每天都保持一点进步，那么再平淡乏味的工作也会变得充满乐趣。

人生的锅底，怎么走都向上

常言道：“人往高处走，水往低处流”。高处代表成就，代表荣耀，代表显赫。人总是希望自己能爬得更高、看得更远，永远不会摔跟头，永远不会陷入低谷之中。然而，这不过是美好的愿望，是不可能成真的。

人的一生，无论是事业还是爱情，总是在高处与低处之间轮回，呈现一个抛物线的状态，从低到高，到达顶点之后，又会从高到低，如此反复。因此，如何面对人生的成败得失、悲欢离合，取决于我们能否管得住自己，能否自控，尤其是在人生的低谷时，我们能否克制悲观情绪，保持积极乐观的心态去面对。

有人形象地将人生比作一口大锅，人生的低谷就是锅底，当我们处于锅底时，无论向哪个方向走，都是向上的。最困难的时候，也许就是拐点的地方，改变一下思维方式，就可能迎来转机。所以，要保持乐观豁达的心态，才能把低谷变成高峰，把苦日子过得甜美。

≫ 二月河的《康熙大帝》

他出生在抗战即将胜利的时期，父亲欣喜之下，给他取名凌解放，谐音“临解放”，言外之意是盼望祖国早日解放。几年后，新中国成立了，他也进入小学了，可是他的成绩太糟糕了，从小学到中学，都留过级，直到 21 岁才高中毕业。

高中毕业后，凌解放参军了，成为一名工程兵。那时候，他每天都要沉到数百米以下的矿井里挖煤，在漆黑的水里摸爬滚打。抬头不见天日的生活，让他感到一种前所未有的悲凉，也让他意识到自己正处于人生的谷底。

难道就这样过一辈子吗？他不甘心，每天从矿井里出来，他就扎进图书馆，什么书都读，甚至连辞海都从头到尾细读了一遍。当时他心里并没有明确的方向，也没有远大而具体的目标，他只知道如果自己再不努力，这辈子就完了。所以，以当时的条件，他除了读书，实在找不出更好的自我提升办法。

书看得多了，他发现自己对古文十分感兴趣。在部队驻地附近，有一些破庙残碑，他经常用铅笔把碑文拓下来，带回去潜心研究。碑文上的内容晦涩难懂，根本无法从书上找到注解，而且没有标点，要想读懂完全要靠自己琢磨。

在这个过程中，他逐渐吃透了碑文上的文字，在不知不觉中古文水平有了飞跃性地提升。此时，再回过头去读《古文观止》等古书时，他觉得特别轻松。当他从部队退伍时，差不多把图书馆里的书都读遍了。没想到，就是这种漫无目的的自学，为他日后的事业打下了很好的基础。

转业到地方工作后，他开始研究《红楼梦》，由于古文功底扎实，见解独到，他很快就被吸收为全国红学会会员。1982 年，他参加“红学”研讨会，会上大家谈到了曹雪芹，又谈到了其祖父曹寅，之后联想到康熙皇帝，这时有专家感慨道：“关于康熙皇帝的文学作品，国内至今仍是空白。”

说者无心，听者有意，他心里突然冒出一个念头，决定写一部关于康熙大帝的历史小说。这时候，他在部队打下的古文功底开始发挥巨大的作用，让他能够轻松地研究第一手史料。1986 年，他以笔名“二月河”出版

了第一部长篇历史小说《康熙大帝》。从此，他迸发了满腔的创作热情，人生迎来了初春，人生开始解冻。

从 21 岁时跌入人生的低谷，就如站在人生的锅底，到著书立说，这个过程就是从谷底走向巅峰的过程。有人说，二月河的成功有些误打误撞，但他本人却不这么认为，他说："人生好比一口大锅，当你走到了锅底时，只要你肯努力，无论朝哪个方向，都是向上的。"

≫ 走出锅底的方法

当人生处于锅底时，我们会感到大脑一片迷茫，还可能消沉下去。但其实锅底也有好处，它能磨炼我们的意志，修炼我们的心智，让我们体验到向上的快乐。要记住，永远保持一颗向上的心，每一步都会向上，总有一天会走出锅底，走向高峰。

（1）先什么都别做

在低谷的时候，先给自己放几天假，什么都别做，让自己静静地待着，或让自己来一趟旅行，让失意的情绪平静下来，这比盲目地行动更有效。

（2）尽量保持生活规律

在人生的锅底，我从不建议任何人改变生活规律，打乱自己的生活节奏，以拼命三郎的态度对待生活和工作。因为生活规律一旦被打破，人的身心就容易失去根基。其实，好好吃饭，好好休息，比什么都重要。

（3）多质疑自己的潜意识感受

当你陷入人生的低谷时，就很容易产生一些悲观的想法，认为自己不行，认为自己的人生也就这样了。对于这些潜意识的感受，建议你用质疑的态度去对待，问自己"我真的就不能翻身了吗？""我真的不能战胜困难吗？"多问自己几个问题，去推翻悲观的想法，将有助于你找到新的力量。

（4）保持一颗谦逊之心

著名语言学家奥尔顿·贝克尔认为，聪明人（通常是自以为聪明的人）往往很容易陷入固执，这会让他们更加容易犯错。所以，在人生的低谷时，最好能放低姿态、放平心态，以谦逊之心待人处事，营造一个和谐的人际环境，这对你走出人生的锅底是很有帮助的。

第七章

管得住意志，戒得了心理依赖症

一个缺乏自控力的人，面对周遭，往往会产生依赖感，这种依赖感是一种强烈的“离不开”的无力感。而事实上，并非真的离不开，只是意志力薄弱，无法自控，一次次地放任自己，最终形成依赖惯性，即心理依赖症。

强烈的“离不开”的无力感

说到“依赖”，为人父母者都有真切的体会，因为孩子对父母最为依赖，让他们体会到了被依赖感是什么滋味。然而，这里要说的依赖并不是孩子对大人的依赖，而是我们成年人对外界事物或人的依赖。

也许你会纳闷，会想：“成年人还会依赖什么呢？成年人又不是小孩子，有自控力，有独立性，不存在依赖什么。”如果你是这么想的，那你不妨往下看。

≫ 妻子的依赖

新婚不久的张小姐在家里做全职太太，见老公从早上出门，到晚上回家之前，一个电话都没有给她打，一个短信都没有给她发，于是心里产生了各种难受。

有一个声音告诉她：“也许他太忙了，太累了，只是一天没有打电话、发短信而已。”很快，又有一个声音告诉她：“再怎么忙，也能抽出时间打电话或发信息啊，难道连这点时间都没有吗？”

有了这种想法之后，她忍不住有点担心，又有点怀疑。担心的是：他会不会出了什么事？怀疑的是：他是不是不爱我了？是不是外面有人了？毕竟，她看到过许多不幸的婚姻。

妻子对丈夫的依赖，就如同孩子对父母的依赖，见父母外出未及时回

来，内心忍不住地胡思乱想、担惊受怕，这不正是心理依赖症的表现吗？当一个人对某些事物或人产生心理依赖时，并非他真的离不开那些东西，而是因为有了那些东西之后，让他们感到有安全感，感到舒适。

对那位妻子来说，她对丈夫的依赖感中，有很大一部分是一种情感上的依恋，但这种依恋过度之后，就成了依赖，很容易给他的婚姻和情感造成负面影响。试想一下，由于她胡思乱想，必然会不自觉地怀疑丈夫，等到丈夫回家后，她很可能忍不住追问、质问，甚至像审犯人一样。如此下去，就很容易闹出矛盾。

所以说，当某种情感已经上升到依赖的程度时，美好的感觉就容易走向另一个极端，给别人、也给自己造成不良的影响。生活中，处处充满了心理依赖的现象，如果不认清这些行为，不戒除这些行为，将会带给我们诸多不利的影响。

⋙ 各种依赖症

社会竞争日益激烈，工作和生活的节奏不断加快，人们的压力越来越大，导致许多人具有强迫心理。如今，强迫心理已经成为严重影响人们生活质量的杀手。说到强迫心理，也许你会陌生，但说起依赖心理，你就不会陌生了。

例如，手机依赖症，其症状表现是：出门必带手机，一旦忘记带了，浑身都不自在；铃声一响，条件反射式地拿起手机；来电或信息减少，便会坐立不安等等。再比如，网络依赖症，其症状表现是：没有电脑或电脑没有网络，就不知道该如何工作了，进而心神不宁，坐立不安。

对于这类心理依赖症，其产生有着客观的社会原因。当今社会由于工作需要，手机几乎成为人们生活必不可少的组成部分。当手机丢失，或来电、信息数量突然减少时，当电脑没有网络时，人们通常会出现上述症状。这并

不是什么严重的病症，它只是人们对手机、网络长久依赖后的不适心理反应。

因此，建议人们在能不用手机、不带手机或不连接网络的时候，尽量别带手机，别用网络，营造一个绿色的生活，享受某个时段不被打扰的安静生活。比如，看书、听音乐、健身等时候，可以关掉手机或不带手机，并适时暗示自己“没有手机、网络打扰真安静”。当然，要做到这些，需要你具有强大的意志力，去管住自己的依赖心理。

≫ 180 度转变

我有一位朋友，自己开了一家公司，他曾有一名助手，该助手大学还未毕业，就进入他的公司实习。上班期间，他让助手做什么，助手就做什么，非常听话。空闲的时候，助手也会和同事们玩一玩，下班了就回到学校。

每次上交工作任务时，助手总是磨磨蹭蹭，但一般都能完成，只是拖的时间久一点。如果工作难度稍大，他就会丢三落四。当时我朋友工作太忙，没有太多的闲余时间管他，以为他能自己总结经验，不断提高自己。可没想到，助手却一点进展都没有。

一天，朋友找到助手，和他进行了一次谈话。助手说：“我觉得自己没有什么价值感，实习就是做报告，做表格，不知道什么时候能做高级一点的工作？”朋友承认，交给他的工作是一些最基本的工作，目的是想磨炼他的工作态度。

接着，朋友问助手：“你有没有仔细看过我发给客户的，和你发给我的文件有什么不同？你跟着我实习也有一段时间了，能总结出做项目的简单流程吗？”助手显然没有思考过这些问题，一下子就被问住了。

朋友对助手说：“其实，实习生的工作都不会太难，即使稍微有点难度，只要用点心，也能完成个八九不离十，关键是要走心。在工作中，要学习同事们的做事方法，及时总结大家的工作思路。如果每天只知道埋头

苦干，想自己的、做自己的，遇到问题不思考，不请教，怎么可能有进步呢？上司又怎么对你委以重任呢？”

经过这次谈话，助手像变了一个人似的，在随后的两个月里，他进步的速度令朋友刮目相看，每次都能把工作做得很到位。如果领导说做得不够好，他马上去修改。平时还能主动加班，同事们有工作需要，他总是积极地帮忙……

朋友对助手十分欣赏，并问他变化的原因是什么，助手说：“原来我一直觉得有你的指导，对你有依赖心理，做工作也不认真想，因为反正你会帮我修改，这样我就不自觉地懈怠……”

要想戒除依赖心理，前提是先承认依赖心理。承认具有依赖症，意识到依赖症的危害，才会使人下定决心戒除依赖心理。其次，还应做到不自责。患上依赖症的人，有时会苛求自己，希望自己在拒绝依赖的过程中，表现得更加坚强，但这种过度的自我控制、自我逼迫，反而会适得其反。

走出心理舒适区

世界上有两种人：一种人是强者，一种人是弱者。强者与弱者的最大不同是，强者主动寻找不适，弱者给自己找舒适。如果你没有让自己变得更强大，那是因为你一直待在舒适的区域里，做着让人觉得舒服的事情，你急需走出心理舒适区，去挑战不适，习惯不适，不断提升自己。

》何为心理舒适区

“心理舒适区”这个概念，是心理学家罗伯特·M·耶基斯和约翰·D·道森提出来的，它的意思是：一个相对舒适的状态，可以使人的行为处于稳定的水平，从而得到最佳的表现。但想要提高自己，则需要一个相对焦虑的状态，即一个压力略高于普通水平的空间，这个空间叫“最优焦虑区”，它正好在舒适区之外。

不论是“舒适区”还是“最优焦虑区”，都非常容易理解。舒适区，简单地说，就是你习惯待的环境，习惯扮演的角色，习惯相处的人，习惯的说话和做事方式。一句话，就是你所习惯的一切事物。在这个区域内，你的行为符合人们的常规模式，能最大限度地减少压力和风险。

最优焦虑区也很好理解，如果你鞭策过自己，你一定很清楚：当你挑战自己时，你所做出的成就往往会令你惊叹。但这种挑战要适度，过度地逼迫自己挑战更高难度的任务，往往会适得其反。

其实，舒适区没有好与不好之分。从正面来看，舒适区能帮助我们维护自我，也是一种自我防御的屏障，能够起到避风港的作用。在舒适区内，人的情绪是最稳定的，最容易获得满足感，最容易保持平和的内心世界。

从反面来看，如果过于习惯舒适区，把自己局限在这个区域内，就会导致思想上产生懒惰，行为上产生停滞，作风上产生懈怠，即人们常说的“不思进取”，就好比温水煮青蛙，最终的结果是在不知不觉中被煮死。所以，我们不能沉溺于舒适区，而应该适当地、有计划地走出舒适区，不断地拓展最优焦虑区。

≫ 真离开舒适区吗

很多咨询者听完我所讲的心理舒适区之后，都觉得有道理，很受启发。紧接着，他们的问题来了：“我是不是应该离开所有的舒适区呢？”

我的观点是：“假如你在某一领域（比如，医疗行业）工作了几年，对这个行业已经非常熟悉，且工作相对安稳，收入也比较理想。这时，你就没必要离开舒适区了。明明你就是医学专业毕业的，为什么要离开自己熟悉的行业，去挑战一个你根本不了解的行业呢？如果你真这样去做了，那么离开舒适区不但不能给你带来帮助，反而会让你在残酷的现实面前，碰得满身是伤。”

那么，在什么情况下离开舒适区，才是正确的选择呢？

我鼓励的不是让你完全地跳出舒适区，而是把舒适区向外扩展。举个简单的例子，如果你是一位人民教师，你在目前的岗位上做得得心应手。为了不与社会脱节，你可以在工作的同时，多走出校园，走出小家庭，到外面的世界去转一转，提升自己的见识；你还可以适当地看一看社会学、心理学方面的书籍，扩大自己的知识面，这样就能扩大自己的舒适区，使自己保持进步。

我曾经在大学时，很怕在众人面前讲话。记得第一次开班会时，老师让我们自我介绍，我几乎把自己的基本信息介绍错了，当时我非常紧张。那时，选择在私下场合讲话，就是我喜欢的舒适区，但慢慢地，接触了很多人，还要参加校园工作，有时不得不当众讲话，这个时候我开始激励自己离开舒适区。

在一次次紧张的当众发言中，我学会了一些应对紧张的办法，也提高了当众讲话的技巧。慢慢地，我取得了一些小进步，得到了一定的肯定，我开始变得更加自信。此后，当我的舒适区扩大了，我觉得在公众面前讲话也是一种舒适的事情，是一件值得享受的事情。现在我很喜欢讲课，我经常开办心理培训班，和学员们分享心理学方面的知识，接受学员的心理咨询，这就是我当初突破心理舒适区带来的好处。

你可以从我的经历中，体会到突破舒适区，所获得的改变和成长。突破舒适区的过程，你需要做一些小小的冒险和尝试，你的自信心也会慢慢积累起来，最后，你的舒适区就会越来越大。

需要注意的是，扩大舒适区是建立在自我追求和社会期待范围之内的，不符合你的追求或社会期待的事情，并不值得你去尝试。例如，你是一名金融行业的人士，对销售并不感兴趣，虽然它在你的舒适区之外，但并不值得你去追求和挑战。

≫ 拓展舒适区的收获

心理学研究发现，舒适感会降低行动力、生产力，甚至是直接消灭它们。原因很简单，因为你没有期限和期望带来的不安，你会觉得心安理得，得过且过。对于外界新鲜事物，你的敏感程度会随之下降，这在如今瞬息万变的社会中，无疑是进步的大忌。

日本索尼公司曾经就犯过类似的错误，当时索尼的随身听问世，几乎

可以说是改变了世界音乐传播的方式。在播放器的市场里，具有无法撼动的地位。但是，索尼公司在这个舒适区内待的时间太久，在三星、苹果等公司的随身听出现后，索尼播放器产品由于技术没有更新换代，其竞争力被大幅度削弱。这个例子从反面说明：走出舒适区，主动寻找不适感，可以提升自己的竞争力，或者说能够让你向自己期望的方向进步。

中国著名地产商王石曾说："以前我觉得我们应该让自己舒适一些，但是后来我明白，一些不适有时并不是件坏事。"王石表示：人其实可以学会享受不适。例如，他每天都会做一些力量训练，虽然这点不适不会严重到令他讨厌的地步，但他知道人性的弱点，那就是能逃避的困难，总是找借口逃避。

为此，他制定了一个计划表格，让这点不适参与到他的生活，形成一种习惯。每当他完成了 15 个引体向上时，他都会在表格里写上 15，每个月他都会换张新的表格，并总结上个月的情况。不经意间，几个月里他已经做了 1000 个引体向上了，而他的身体也在不知不觉中变得强壮起来。

其实，生活中任何一件让你感到有些不适的事情，都是可以通过训练，变成一种习惯的。一旦变成了习惯，你就会离不开它。在挑战不适的事情时，不要强迫自己，而是把它当成一种乐趣。只要你坚持不断地挑战，去享受这件事情带给你的乐趣，就会慢慢适应它，最终把它变成你舒适区域内的事情。

意志力的本能，三思而后行

人区别于动物的一个重要特征是：人具有意志力，可以控制自己的思想和行为。但如果一个人放弃对自己思想和行为的控制，遇事想当然，不假思索地做出盲目性的行为，那么与动物又有什么不同呢？

≫ 草率的代价

你肯定有因草率行事而失败的时候，这并不奇怪，仅凭一时的冲动和感性认识，就盲目地行动，只会把事情搞砸。因此，对于那些依赖于感性思维行事的人，我的建议就是：“先了解你要做什么，然后想一下应该怎么做，再去行动。”

决断与行动是成功必不可少的两个要素。与行动相比，决断是先决条件，在采取行动之前，做好分析与判断，设定目标，下定决心，再去行动，才是最稳妥的成功方案。生活中，有些人习惯了凭感觉行事，感觉来了，情绪来了，就冲动地作出决定，这种不自控的表现，永远都是一种失败的表现，属于消极的精神现象。

“行事之前先想仔细”并不代表我们在做事时犹豫不决，缺少决断力，因为做事果断与做事鲁莽根本不是一回事。举个简单的例子，医生在抢救病人之前，如果不把病人的病因搞清楚，就仓促地开始抢救，那么很可能越抢救越糟糕。

看看那些理智的人，他们在做事之前总是会冷静地想一想，根据自己的生活经验或他人的经验，思考自己的行为有什么样的后果，对自己以及周围人会产生哪些不利或有利的影响，在此基础上，不断地调控自己的行为，最终采取最适宜的行为方式。

≫ 间谍的本能

第二次世界大战期间，有一个间谍被敌军抓住了。为了不出卖自己的战友，这个间谍装聋作哑，无论敌军用多么残酷的手段折磨他，他始终毫不动摇。最后，审问者十分无奈，但又十分和气地对他说："好吧，看来我没办法从你嘴里问出东西，你走吧！"

如果你认为这个间谍会立刻转身离开，那么你就大错特错了。因为只要他表现出一丁点想要离开的意思，那么他之前的装聋作哑就会被当场识破，一切伪装都会化作泡影。

聪明的间谍在短时间内，进行了一番理智的思考，知道这是敌军欲擒故纵的把戏，因此，他表现得十分冷静，仍然和之前一样，假装什么都听不见，听不懂，依然在那里一动不动，露出呆滞的目光。

审问者原本想以释放间谍为诱饵，令间谍麻痹大意，从而观察他装聋作哑是不是真的。因为人在获得自由的时候，是最容易放松警惕的，而一旦精神放松，往往就会表现出真实的自己。

然而，那个间谍在强大的意志力和敏锐的思考力的指导下，表现得极为冷静，使得审问者误以为他真的是个聋哑人。结果，审问者只好无奈地说："这个人如果不是聋哑人，一定是个疯子，留着他有什么用呢？还是放了他吧！"

就这样，间谍保住了自己的性命。

也许很多人都惊叹于这个间谍的聪明与智慧，但事实上，与其说这名

间谍聪明，倒不如说他具备超凡的意志力，可以做到精神和行为上的自我控制。这种超强的意志力在关键时刻发挥了重要作用，那就是人的本能的思考力。

≫ 谋定而后动

意志力给了人类本能的思考力，尤其是在危急时刻的思考力，这种思考力将会帮助人们想出战胜困境和危险的办法。其实，不论在什么时候，有效地发挥意志力的本能，做到三思而后行，谋定而后动都是十分有必要的。

“三思”并非思考三次，而是慎重思考的意思。为什么要三思呢？因为有些事情的发生是由很多原因导致的，其背景是复杂的，如果只是依赖直觉思维，是很难得出正确结论的。这个时候，采取认真细致地思考和分析归纳或调查研究，才能更好地理出问题的头绪。

到底要思考什么呢？应该思考问题的根源和起因，当一件事情发生后，你需要搞清楚这件事情发生的根源，导致这件事情发生的诱因是什么。找出了这些问题的答案后，你才能对症下药地思考解决问题的策略。

在三思之后，在解决问题的方案上，还需再思考，这就是“谋定而后动”的道理。谋就是列计划、做方案，为行动提供最科学的指导。相比依赖于感性思维，本能的冲动和盲目的决定，谋定而后动要冷静、理智许多，对成功解决问题十分有益。

古话说得好:“磨刀不误砍柴工。”先把刀磨快了,看似耽误了一些时间，但是在砍柴的时候，由于刀刃锋利，砍柴效率高，反而节省了大量的时间，而且砍柴者会轻松许多。这与谋定而后动的解决问题的思路不谋而合。

又好比开车出门，事先查好了路线，顺着标志一路行驶，就能避免走弯路，这样就能以最快的速度到达目的地。如果出发之前不看地图，想当

然地行驶，等走到了岔路口，再停下来查看地图，就会耽误很多时间，而且一旦走错了路，还会耽误整个行程。

解决问题也是如此，一个问题的解决方案有多种，哪一种才是最佳的，最省力的呢？这需要多方面的比较与权衡，而谋定就是要找出最佳的解决问题的方案。

思维定式，经验偏误

经验是前人从无数经历中总结而来的，是智慧的结晶，很多事情依靠经验来办，可以避免走弯路或少走弯路。于是，很多人对经验深信不疑，以至于过度地依赖经验，并且形成了一种思维定式，做什么事都用经验去套，按经验去做。这样会导致什么结果呢？那就是扼杀自己的创造性，影响办事的效果，甚至直接葬送胜利的果实。

》拿破仑的自负

人们说："我吃的盐比你吃的饭还多，我走的桥比你走的路还多。"言外之意是，一个人经历丰富，经验很多，凭经验办事是不会出错的，但事实果真如此吗？

在法国历史上，拿破仑是一位伟大的领袖，他缔造了法兰西第一帝国，并粉碎了五次反法联盟，将法国推向欧洲大陆霸主的宝座，他当权期间所控制的地域从比利牛斯山一直延伸到涅曼河，从北海一直延伸到亚得里亚海。

然而，即便如此罕见的天才和悍将，也有阴沟里翻船的时候。当时拿破仑在欧洲战场上所向披靡，但是在海上作战却屡战屡败，法国海军被英国海军打得丢盔弃甲，溃不成军。危急关头，一位工程师向拿破仑提出建议："将木质战舰改成钢制铁甲舰，用蒸汽涡轮发动机替代布帆，可以振

兴海军。”

拿破仑具有过人的军事才能，但在海战方面却是个门外汉，他凭借经验认为：把木板改成钢板，船体沉重，船怎么能漂起来呢？把布帆砍掉，船怎么前进呢？就靠那冒着蒸汽的大茶壶吗？根本不可能。

任凭工程师怎么解释，拿破仑始终不采纳其建议。最后，拿破仑被说烦了，居然命人将工程师拖了出去。后来，法国海军继续在海战中失利。最终，拿破仑被孤零零地囚禁于一个名叫圣赫勒拿的小岛上。

也许拿破仑永远都不知道，他犯下了一个天大的错误。如果当初他采纳了工程师的建议，或许历史会被改写。但固执、自大的拿破仑选择坚信经验，这种过于依赖经验的行事习惯，直接葬送了他与法国的前程。

≫ 切勿盲目相信经验

有人曾做过这样一个实验：把 5 只猴子关在一个笼子里，在笼子顶上挂一串香蕉。实验人员安装了自动装置，一旦猴子去碰香蕉，就会有水喷向猴子。5 只猴子见到笼子顶上的香蕉，都纷纷去拿，但每只猴子都被喷得湿淋淋的。猴子们意识到香蕉是不能碰的。于是，它们的大脑里便有了这样一个经验：不能碰香蕉。

后来，实验人员找来第 6 只猴子，并将其关入笼子里。这只猴子进入笼子后，很快就发现了香蕉，正当它准备去拿香蕉时，其他 5 只猴子马上阻止了它，并将它痛打一顿。因为经验告诉它们：香蕉碰不得，如果这只新加入的猴子碰了香蕉，它们也会被水喷到，会受到连累的。所以，它们要阻止新猴子去碰香蕉。后来，这只新加入的猴子屡次被揍，也不敢再去碰香蕉了。

再后来，实验人员将香蕉上的自动装置卸掉了，碰香蕉不会再被水喷了。可是，猴子们由于之前经验的误导，依然认为香蕉碰不得，尽管它们

饿得咕咕叫，但就是不敢去拿香蕉。这个实验很好地说明：经验有时候也不管用，尤其是错误的经验。如果过于依赖经验，将会使人故步自封，使人的能力被束缚。所以，切勿盲目相信所谓的经验，也许你的经验本身就是错误的。

≫ 经验这个“圈”

很多人都很崇尚按经验办事，用经验思维看待问题，随便说几个俗语，就能从中感受到国人对经验的偏信。这些俗语既有一定的道理，但对我们也存在很大的误导。因此，切勿陷入经验的圈套，而应该具体问题具体分析，具体问题具体对待。

俗语 1：一个巴掌拍不响

当两个人发生矛盾时，旁人往往会说：“一个巴掌拍不响。”言外之意是，双方都有问题，都有过错，主张各打五十大板。比如，两个学生打架，老师也不调查事实，就对他们进行处罚：各罚站 1 个小时。试问，这样的处罚公平吗？也许公平，但也许事出有因，是其中一个学生主动挑衅，而另一位学生忍无可忍了才还击的呢？在这种情况下，也要各打五十大板吗？

当我们不假思索地说“一个巴掌拍不响”时，是否应该想到：一个巴掌也能拍得响。比如，拍桌子、拍墙壁等。所以，切勿偏信所谓的“一个巴掌拍不响”。

俗语 2：天下乌鸦一般黑

“天下乌鸦一般黑”“男人没有一个好东西”“上海人小气”、“东北人豪放”等等，这些都是所谓的经验之谈，它主张一竿子打死一船人，一个活口也不留。这在心理学上，属于晕轮效应的心理学范畴。但这符合事实吗？显然有待考证，而且要看具体的事情，也许也有羽毛不黑的乌鸦呢？也许也有好男人呢？也许有些上海人不小气呢？也许有些东北人不豪

放呢？为什么不客观地评说事实，为什么不具体地分析事实呢？

俗语3：人挪活，树挪死

俗话说：“人挪活，树挪死。”这当然也是经验之谈，言外之意是，人要善于变通，而不能封闭在一个特定的环境中。比如，某人在公司干得不开心，朋友就劝道：“人挪活，树挪死。既然干得不开心，为什么不跳槽呢？”也许跳槽能找到一个理想的工作，也许跳槽所找到的工作还不如眼前的工作呢？每个决定都存在一定的风险，因此，做出决定之前，不要过于乐观，要考虑清楚决定可能导致有利或不利的后果，再去做决定，去行动，才是有自控力的表现。

跟随大众能给你多少安全感

有些人产生某种念头之后，或做出某个决定之前，喜欢把自己的想法告诉亲人和朋友，然后渴望得到亲人和朋友的赞同、肯定和支持，如果大家提出异议，他们马上就会犹豫不决起来。这种心理是典型的从众心理的表现。

从众心理是十分常见的心理，即个人受到外界人群行为的影响，而在自己的知觉、判断、认识上表现出符合于公众舆论或多数人的行为方式。依附、顺从、服从大多数人的意见和行为习惯，这并没有什么不对。只不过，在特定的事情上，如果不分是非曲直，一律服从多数，跟随大流，则是不可取的，是消极的盲目从众心理。

≫ 羊群效应

在心理学上，有个著名的羊群效应，它讲的是：在羊群这种很散乱的组织里，羊往往是盲目地左冲右撞，但如果有一只头羊动起来，其他的羊也会不假思索地跟着它，全然不顾前面可能有狼，还是不远处有更好的草。羊群效应比喻人在从众心理的影响下，表现出像羊一样的盲从，这往往容易陷入骗局或遭遇失败。

在行人如织的马路上，突然有个人停下来，抬头仰望天空。路人甲见状，也跟着抬头仰望天空；路人乙见两人都抬头看天空，也跟着抬头看天

空，想看看天空到底有什么。路人丙见三个人都抬头看天空，也跟着抬头看天空。结果，越来越多的人停下来看天空。

当大家没有发现天空有什么异常时，有人就忍不住问道："大家都在看什么呢？"得到的回答是："我也不知道，我看有人在看天空。"最后，第一个看天空的人说："我的鼻孔流血了，所以我把头仰起来了。"

还有一个类似的幽默故事：

一位石油大亨去天堂参加会议，进到会议室后，发现座无虚席，于是灵机一动，喊了一声："地狱里发现石油了。"话音刚落，天堂里的石油大亨们纷纷跑向地狱，最后只剩那位喊话的石油大亨。他见大家都去地狱了，心想：莫非地狱真的发现石油了？于是他也急匆匆地跑向了地狱。

生活中，类似的因从众而闹出的笑话层出不穷。于是，有人不禁要问："为什么人们习惯于从众？依赖于大多数人的行为方式和意见观点呢？其实，那不过是为了获得一种心理上的安全感。人都有这样的认识，认为大家都去做，大家都这么说，只要我和大家一样，我就是安全的。大家说好的东西我也买，因为大家都买，所以我买我放心。殊不知，这是典型的盲从。

看看股市火热的时候，很多股民总是选择偏听偏信，见很多人持有某只股票，也跟着买入；见很多人抛出，也跟着抛出。到底这样做是否明智呢？好像他们从来都不想这个问题，他们想的是和大家一样投资，内心就很有安全感。正因为人类的这种盲目从众心理，才给了很多商家夸张宣传和过度炒作的营销机会，最终把更多的盲从者引入商家设置的营销"圈套"中。

≫ 阿希从众实验

关于从众心理，有个非常著名的心理学实验，叫"阿希从众实验"，这个实验是由美国心理学家阿希在 1951 年设计的，它生动地说明人的从众心理现象。阿希把被实验者（大学生）每 7 人分成 1 组，在同一个房间

依次序回答一个非常简单的问题。实验者让参与者从左边的图形中，找出一个与右边图形一样长的条形图，如图 7-1 所示。但实际上，每组的前 6 个人是安排好的托儿，真正的被实验对象只有第 7 个人。

实验在多组人群中进行，托儿们故意选择同一个错误答案，以测试第 7 个实验者的反应，结果发现：在这些被实验的第 7 个人中，至少有 75% 的被实验者至少有一次错误的从众选择，有 5% 的被实验者竟然从头错到尾，真正一直坚持自己的选择的被实验者只占了 25%。

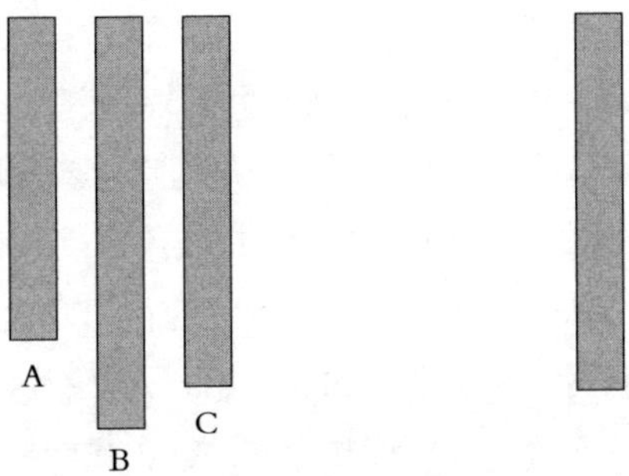

7-1 阿希从众实验

如此简单的题，而且被实验者都是大学生，但测试结果竟然如此可怕。如果是素质参差不齐的群体，如果问题再复杂一些，情况可想而知。所以，从这个实验中就会发现在从众心理驱使下的多数人的意见，根本不能作为是非判断的标准，不能作为论证某个论点的论据。

阿希从众实验告诉我们：人是很容易受到从众心理影响的。虽然我们知道，一个观点的正确与否，与它本身有多少人赞同、有多少人反对并没有必然的因果关系，但有时候即使我们想到了正确答案，但由于大家都不认同这个答案，而是提出另一个答案，我们也容易怀疑自己，转而放弃自己的答案，认同大众接受的那个答案。

从众性与独立性是相互对立的一种意志品质，从众性强的人往往缺乏

主见，容易受到暗示，容易不加分析地接受别人的意见并付诸行动。这显然不是强者应该具有的品质，真正的强者应该保持独立性和主见，有自己的想法和观点，而不是随波逐流，盲目从众。那么，我们应该如何管住自己依赖大众的从众心理，做一个具备强者意志品质的人呢?

≫ 规避从众心理

要想规避从众心理，就必须认清从众心理产生的两个原因：

其一，信息性。在一个比较模糊的情境中，我们往往不清楚怎么做才是对的，于是，就会以别人的行为作为参考，觉得别人对情况的判断可能比较准确，尤其是很多人都做出相同的判断时，我们更容易相信他们，因此跟随别人行动。例如，下周你要参加考试，但你不确定考试难不难，需不需要立马复习，但你看到大家都在玩，听到大家说不难时，你也会变得不太在意。

针对这种情况，如果你想避免依赖众人的判断，最有效的办法就是多方面搜集信息，然后坚持自己做判断。你可以先翻书看看知识点，看哪些你没有掌握，哪些不太熟悉，再根据对知识点的掌握程度，安排复习的时间和计划。

其二，规范性。人是社会性的动物，在很多时候，都希望获得他人或所在群体的认同、接纳、赞许，为了获得这些精神上的满足，往往会在无意中遵守群体里的规范，即便是不成文的规范，也会去遵守。

对于这种情况，要想彻底改变是不容易的，因为人的这种心理几乎是一种本性，但可以适当地控制和改变。例如，你可以尝试加强人格中自我价值的认可，尝试从依赖性人格向独立性人格转变。具体说来，就是强化一些好的行为习惯，比如，好好学习，踏实努力，而不是为了和大家打成一片，在不恰当的时间玩游戏。另外，对于自己要有客观的认识，不能依

赖于别人的评价，从而增强自控，减少从众。

另外，还应该培养批判性的思维，就是要把关注点放在别人的整个推理过程中，从观点、论据到结论，要全方位地去分析、去批判，看其是否有错误之处。而且还应确立自我统一性，明确自己要成为什么样的人，并为之付出努力，对于与你目标相冲突的观点、行为，学会拒绝，这种特立独行会成为你展现自己的方式。

权威与科学之间的距离

同样一句话，从专家、名人嘴里说出来，与从一个普通老百姓嘴里说出来，你更倾向于相信谁说的？对于这个问题，大多数都会选择前者，因为专家、名人是社会名流，是权威人士，他们见多识广，具有真知灼见，因此，他们的话更可信。

尤其是特定行业内的权威人士，他们所说的针对这个行业的言论，更是能够吸引大批的认同者。很多时候，人们对权威者抱着一种崇拜之心和仰望的态度，把权威者的话当成金科玉律。可是，权威人士的话真的靠谱吗？我们真的应该坚信吗？

≫ 破灭的“创业梦”

我有一位朋友，平日喜欢逛街买衣服，她经常说：“不穿得漂亮点的女人是没有前途的。”她最大的愿望就是开一个服装店，拥有一份自己的事业。可是她的丈夫不同意，理由是实体店租金太贵，且风险很大。丈夫建议她开网店，同时兼顾做微信营销。

我听她这么说，也挺赞同她丈夫的观点，可她却说：“我丈夫根本不懂，生怕我赔本，前怕狼后怕虎的，这样能干成什么事？连专家说的话他都不信，我觉得专家说的是有道理的。”

“什么专家？他说了什么？”我好奇地问。

“我在服装杂志上看到的文章，里面的专家说，现在服装的品牌很重要，一般来说，只要经销的是名牌服装，店铺设在高档的专柜，就不愁没有生意。”原来，她最近比较关注服装行业，多次在某杂志上看到一位专家发表的多篇文章，她觉得该专家对目前服装市场的分析很有道理，对专家所持的“在商场开服装专柜必能大赚”的观点十分笃信。

后来，朋友终于用专家的话说服了他的丈夫，在当地的一家大型综合超市里，开设了自己的服装专柜，销售的是某知名品牌的服装。可是想法很美好，现实很残酷。原本希望能赚大钱，可事实上，她的门店生意冷清，三个月后，租金都付不起。半年后，她不得不关门大吉。

凭着自己的一腔热血，凭着自己对服装店的兴趣，不做调研，不结合当地实际情况，仅凭专家的几句个人观点，就盲目地做出开店的决定，这就是依赖权威言论吃下的苦果。

≫ “股神”的告诫

对于权威人物，我们应该尊重，但是绝对不要盲从。因为权威人物也是人，也有出错的时候，盲目追随，早晚会陷入泥潭，无法自拔。迷信、依赖权威，不但会迷失自我，还会让你成为一个容易被人牵着鼻子走的人，成为一个容易被人控制的人。

很多人梦想着通过投资发财致富，他们不断地总结各个专家的投资秘籍，其中，拥有“股神”之称的巴菲特的投资经验和秘籍他们自然不会放过。美国有个青年名叫麦克，他有幸与“股神”巴菲特交谈，他问巴菲特：“今天的市场上，有很多关于权威人物的投资书籍，里面有很多投资理论知识，您认为我们投资者是否应该相信这些呢？”

巴菲特说：“年轻人，包括我给你的指导，你也只能作为一个参考的经验。因为它未必适合其他的投资人。我早已经说过，没有放之四海皆通

用的理论，不要盲目相信权威。”巴菲特忠告投资者不要迷信权威，因为他本人就是一个不迷信权威的人。

巴菲特的老师名叫格雷厄姆，在投资界有很高的声誉，尽管他的理念对当时的企业评估方式产生了很大的影响，但是巴菲特没有迷信他的理念。巴菲特发现老师的理念存在缺陷，他只看到了企业拥有的有形资产，却忽视了企业的无形资产。

1963 年，巴菲特将眼光放在了一家服装厂上，这个服装厂的产品没有什么竞争力，股票的价格比较便宜。但是巴菲特看重了这个公司的无形资产，所以出手购买。为了达到控股的目的，巴菲特不断地追加投资，最后这家企业的发展超出了巴菲特的想象，给巴菲特带来了丰厚的回报。

巴菲特做到了不依赖权威，敢于挑战权威，这种个性使他在投资的道路上成就越来越大，最终成为华尔街的“股神”。华尔街对他的评价是：巴菲特之所以取得如此大的成就，是因为他相信自己，有勇气挑战权威，不滥用专家意见。

≫ 柴可夫斯基的坚持

1874 年 12 月，柴可夫斯基写完了《第一钢琴协奏曲》之后，第一次在俄国钢琴大师鲁宾斯面前弹奏，结果被鲁宾斯批评得体无完肤，并被要求彻底修改，才可以公开演奏。柴可夫斯基十分不服，说：“我一个音符也不愿意修改，就要按照现在的样子原封不动地拿去出版。”结果《第一钢琴协奏曲》最先在美国波士顿出版，并大获成功。

假设一下，当初如果柴可夫斯基不自信，不自控，而是自卑地服从钢琴大师的批评意见，那么，这部传世名曲也许就不复存在了。柴可夫斯基对自己作品的坚持，本质上是一种超强意志力和自控力，他管住了自己的

心，不因钢琴大师的批评而动摇自己对作品的坚持。

习惯性的、依赖性的思维方式，让人放弃了很多有价值的机会。这种放弃和依赖，实际上是对自己的不自信，是意志力薄弱的表现。只有真正意志力强大的人，才能坚定信心、独立思考，才能敢于质疑权威、挑战权威，最后实现自己的目标。

小心你的嘴

嘴巴是用来吃饭的，用来说话的。吃该吃的饭，说该说的话，这是正常地发挥正常的生理功能。如果吃不该吃的饭（包括不该吃的东西），说不该说的话（包括不合时宜地说话），放纵了自己的嘴巴，那么就会走向事物的反面。一个人如果连自己的嘴巴都管不住，那么只会给自己带来源源不断的麻烦。

》节食者的自白

“那天阳光明媚，春风拂面，我的心情大好，在闺蜜的陪伴下，我去大街上转悠。这时我经过一家蛋糕店，蛋糕店的橱窗里正摆着我最喜欢的草莓奶油蛋糕，光滑润泽的奶油上零星点缀着几颗红得耀眼的草莓，我几乎能闻到蛋糕上散发出来的诱人香味……”咨询者邵女士这样描述。

“嘿，你最近不是在节食吗？”就在邵女士目不转睛地盯着蛋糕店的橱窗看，而双腿也已经开始向那边迈过去时，她的闺蜜突然喊了一声，一下子把她从对美食的想象中拉回到现实中。

邵女士说，类似的面对诱惑而无法自控的表现，在日常生活中不计其数，尤其是在美食面前，她几乎丧失了抵抗力。

听完邵女士的自白，我明白了她的烦恼所在，那就是面对美食时，她明知道不能放任自己的嘴巴，但身体却不受控制。

我对邵女士说："当你面对美食的诱惑时，不要忘记拿出自己的武器——自控力。自控力的作用，就是选择去做最有利于自己的事情，即使那件事情有些困难。现在，吃一块奶油蛋糕绝对不是有利于你的事情，比它更重要的，是你的健康和幸福。这个时候，你应该意识到，这块蛋糕对你的长期目标不利，你应该将自己的欲望克制住，这就是自控力的本能体现。"

很多时候，戒除对外界的依赖心理，就是从一些小事情开始的，甚至可以说是从控制自己的嘴巴和手脚开始的。比如，吸一支香烟不会上瘾，吃一块蛋糕也不会立即使人发胖，拖延一次也不会对你的生活造成多大的负面影响。但是，你必须牢记的是：长期的结果，是由于多个短期的放任性行为所导致的，你必须时刻注意管好自己的嘴巴，不让它放肆，不让它对美食产生依赖感。

既然对美食我们都不能产生依赖感，那么对于"毒食"我们就更应该保持距离。在日常生活中，有些人明知道吸烟有害健康，却几十年如一日地吸烟，这不就是在吃"毒食"吗？还有那些嗜酒如命的酒徒，由于过度饮酒给身体造成严重的危害，这不就是自食恶果吗？

管不住自己的嘴巴，结果是什么？结果不外乎这样几种：暴饮暴食导致身体肥胖，由于肥胖引发各种各样的疾病，身体健康状况急剧恶化；吸烟成瘾，严重伤肺，引发一系列的病症；嗜酒如命，严重伤肝，引发一系列的病症。所以，为了拥有健康的身体，一定要管住自己的嘴巴，千万不要过度地"吃"。

≫ 不要乱说

除了要管住自己的嘴巴，不过度地"吃"，我们还应该管住自己的嘴巴，不要胡言乱语。胡言乱语，指的是不能乱说话，即说话要分场合、要有分

寸，不能瞎说、乱说、胡说。古语云：“病从口入，祸从口出。”又说“言多必失”，这些话是非常有道理的。

管住自己的嘴巴，不乱说话，首先是个人修养的问题。买电器的时候，人们往往会有一个经验：质量好的噪音低。人也一样，一瓶不满，半瓶子乱晃的人才会闹出大动静。一个有修养、有德行的人，绝不会不分场合地乱说话。他们明白一个道理，要想不被人反感，最好的办法就是恰到好处地说话。

古训说得好：“谨言慎行。”正是告诫人们，说话之前要思考，而不能信口开河。一个人在说话之前不思考，往往要为自己说出的话付出代价。《三国志》中的杨修就是一个典型的例子，他虽博学多才、聪明过人，但由于管不住自己的嘴巴，在曹操面前卖弄自己的小聪明，在不合适的场合说出“鸡肋”二字，并做出一番自以为是的解释，结果闹得军心大乱，彻底触怒了曹操，最后招致杀头。

管不住自己的嘴巴，是不会有好结果的。尽管如今社会，即便你胡乱说话，也不会直接给你造成杀身之祸，但胡乱说话，势必会引起别人的不愉快，影响自己的人际关系，给自己的生活和工作添堵。所以，管住自己的嘴巴是很有必要的。

我的经验是：“如果你考虑两遍以后再说，肯定比考虑一遍就说效果好”。具体说来，以下几点是说话时需要注意的：

（1）事情没有完全确认之前，先不要急着说。好比钱还没到你的账户就不是你的，万一有变数会让你尴尬，也会让别人不信任你。

（2）任何秘密，就地消化，到你为止。对于别人的秘密，要有尊重之心和保护的意识，千万不要听到某人的秘密，就到处去传播。

（3）说话实事求是，别为了一时的效果惊人而故意说假话、说夸张的话。否则，你可能要为此付出“不靠谱”的代价。

（4）不要滔滔不绝地说，不要只顾自己过嘴瘾，而不顾听者的心情。试着多倾听，给别人说话的机会，你会更受人欢迎。

（5）正确地区分对象，对不同的人说不同的话，对不同的人用不同的方式说话，尽量让对方容易接受，这样不管你走到哪里都会受人欢迎。

多巴胺的阴暗面

在日常生活中，我们会发现有这样一些人：他们虽然爱看书，但更喜欢书籍、资料，收集量远远超过他们一生的阅读量；他们喜欢吃零食，明知道吃零食对健康没有好处；他们爱看电视，在夜晚迟迟不愿意离开电视，虽然有时没有真正想看的节目；他们喜欢玩手机，虽然翻来覆去玩的就是微信、微博、手机小游戏，有时虽然也感到无聊，但还是放不下手机；他们迷恋网络游戏，但未必真的喜欢社交游戏……

这些人到底遇到了什么问题呢？是什么东西对他们有如此强大的控制力？为什么他们对这些东西有那么大的心理依赖呢？这种东西名叫“多巴胺”，是一种对人体的情感和行为有着巨大影响的神经物质。

≫ 神奇的多巴胺

多巴胺是由大脑前额皮质分泌的一种化学物质，它能给人带来渴望、兴奋和期待等美好的感受。正如，人人都向往的爱情，这正是由大脑内分泌大量的多巴胺而产生的美好感觉。同样，当大脑预见某种行为会带来利益时，也会分泌出多巴胺，使人体产生渴望和期待。有了这种感受之后，人就会积极地去行动。因此，多巴胺被誉为“人体的奖励中心”。

而且，大脑非常理性，它相信即使暂时出现的结果并不令人满意，但如果能够持续遵照长期进化所获得的见解行事，最终一定会获得好的结果。

这就是为什么现代人某些时候也觉得手机、电视、网络游戏等无聊，没能达到自己想要的愉悦感，但他们仍然坚持不懈地去玩手机、百无聊赖地换台、日复一日地重复着游戏。

可以说，一切令人上瘾的东西，让人产生心理依赖的东西，都是多巴胺在背后作怪。当然，在人们对积极的行为上瘾、产生心理依赖的过程中，多巴胺发挥的是积极的作用，比如，优等生越学习成绩越好，于是他们学习的欲望就会越强烈，从而在学习中获得的成就感和快乐就越多，于是乎他们也就越爱学习。

反之，在人们对不良行为、不良事件上瘾、产生心理依赖的过程中，多巴胺发挥的是消极的作用。比如，网瘾患者、购物狂、资深烟民等等，他们从不良行为中感受到的快感越来越多，也就越来越上瘾，越来越依赖。这就是多巴胺的阴暗面。

≫ 为什么会上瘾

我曾接受过一名购物狂的咨询——李女士，30 多岁，家境一般，但每次逛街，或无意间从服装店门前走过，她都会忍不住向店内张望，然后情不自禁地走向店内，试穿衣服，直到掏出钱包，把她喜欢的衣服买回家。尽管回到家里，面对丈夫的抱怨与责怪，她也会深深的自责，但每次穿上新衣服出门，她都有一种难以名状的自信与快感。从陌生的人群中走过，她总觉得背后有无数人在关注她，因此内心无比喜悦。

由于对买衣服产生了强烈的心理依赖，李女士结婚十年，未存一分钱，是个典型的“月光族”。她舍不得吃好的，舍不得用好的，但在买衣服方面她十分讲究，不但追求时髦的款式，更是追求高端的名牌。这令家庭生活十分困窘，丈夫甚至用“离婚”来威胁她。这使她愧疚不已、反思不断，最终她找到我，请我为她进行心理辅导。

我没有跟她讲专业的知识，而是给她讲了一个故事：

夜深人静的时候，在一个不起眼的网吧里，电脑前端坐着一个个青年男女，他们戴着耳机、目不转睛地盯着电脑屏幕，机械而熟练地点着鼠标，时不时还会发出谩骂或怪笑声。周围的环境仿佛与他们无关，也丝毫不受周围人走动的影响。这其中有一位姓王的小伙子，相比于其他人，他更加痴狂——他已经连续夜以继日地鏖战了 7 个多月。

大学毕业那年，他因没有找到理想的工作而来网吧寻求快乐，结果却沉迷了进去。这一沉迷，竟是十年。期间，父母为寻找他而无心工作，为规劝他说尽了良言。最后，是病痛将他从虚拟的世界中拉回了现实——在连续长时间玩网络游戏晕倒之后，被救护车送往医院。

躺在病床上的他，被医生告知多个器官已严重衰竭，生命危矣。即将离世的他，在被问到有什么遗言时，他的回答是："真有意思。"父亲问他："什么有意思？"他说："说了你也不懂。"离开人世时，他年仅 32 岁。

听完了我讲的故事，李女士长叹一声："真是十年一梦啊！"

我笑着说："你不也是十年一梦吗？不同的是，别人对网络游戏上瘾，你对买衣服上瘾，如果你不加以控制，未来你的命运也会很悲哀。"

李女士问我："为什么我会对买衣服上瘾呢？"

我说："因为你从买衣服中感到了爽，这种爽就是愉悦感、快感，而爽是大脑对身体的奖赏。在你看见衣服的时候，大脑就会分泌出各种激素，因此人体就会感到很爽，这其中最主要的一种激素就是多巴胺。"

"多巴胺？"

"对，正是多巴胺让你产生了各种愉悦的感觉，驱动着你去试穿衣服买衣服。我们见到很多人，例如，吃货对吃东西上瘾，有些人对旅游上瘾，这都是多巴胺在背后驱动着人的行为。本来追求快乐是没有错

的，但如果方式不当，行为失控，就会给生活带来负面影响，这时我们应该停止不良行为。遗憾的是，很多人停不下来，难以戒除，这就是上瘾。”

≫ 怎样戒“瘾”

瘾，轻则伤身毁业，重则家破人亡。生活中，“瘾君子”太多太多，烟瘾、酒瘾、购物瘾、恋爱瘾……当我说到这里时，李女士已经忍不住惊叹道：“天哪，这些也算上瘾么？怎么界定上瘾呢？”

我告诉她：“上瘾者能够意识到自己的行为，也知道这种行为会给自己造成不良影响，但是却无力阻止，即便竭尽全力也无法戒除。其实你可以检查一下自己，除了对购物上瘾之外，还有没有让你上瘾的事情。”

李女士问：“那为什么上瘾难戒呢？”

我拿起一支笔，在预先准备好的白纸上，画出如图 7–2 所示的循环图。

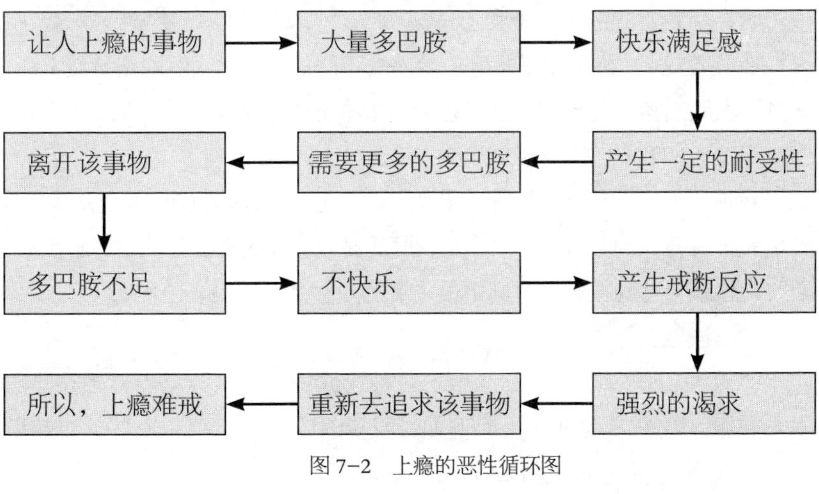

图 7–2　上瘾的恶性循环图

这是一个恶性循环，在这个循环中，大脑会对上瘾的事物逐渐产生一定的耐受性。这时，人们就会追求更刺激的事物，从而变得一发不可收拾。比如，吸烟时，会刺激大脑，使之产生比平日更多的多巴胺，因此，才有强烈的快感。但是这会损害大脑原来的奖赏通路，使得大脑产生耐受性，平日里的活动或事物根本无法令人产生愉悦感，所以，吸烟者就会继续吸烟以获得满足感。

李女士问："那如何才能打破这个循环？"

我的建议是：打破了这个循环，就成功戒瘾了。对于上瘾严重的人，应该采取药物或物理治疗。一般来说，更应该从心理上破除这个循环：

（1）远离令你上瘾的事物或环境

二战时期，很多美国士兵染上了毒瘾。战后，他们回到美国，通过各种方式，慢慢戒除了毒瘾。数十年后，这些老兵故地重游，没想到毒瘾竟然复发了。后来科学家研究发现，这是一种"致瘾记忆"，也就是说，当你回到过去的环境、见到曾经令你上瘾的事物时，会勾起你对瘾的回忆。于是，本来辛苦戒除的瘾，又会重新发作。此事提醒我们：要想戒瘾，可以选择远离上瘾的事物或环境。比如，双十一快到了，面对电商的营销刺激，你可以断掉家里的网，或刻意选择在这天出游，就是不上网，不逛街。等这天过了，你再想买，东西已经恢复原价了，你从打折购物中产生的满足感也就小了很多。

（2）寻找替代品，做有意义的事

很多烟民苦恼，想戒烟戒不掉，怎么办呢？有些人想出了办法，那就买一些口香糖、木糖醇，在烟瘾即将发作时，马上嚼口香糖，通过不断地咀嚼，不断地吞咽口水，来消除烟瘾带来的痛苦。

还有一些网游上瘾者，选择用户外运动代替宅在家里上网——就是不

让自己一个人待在家里，只要天气允许，就出门进行户外运动，如登山、垂钓，或踢足球、跑步等等，总之不给自己接触电脑的机会。

第八章

价值认知，做自己最成功的“管家”

每个人都有自己的价值观，它是基于人的一定的思维感官之上而做出的认知、理解、判断或抉择，也就是人认定事物、判定是非的一种思维、态度或取向。一个人发表什么样的观点，做出什么样的行为，取决于他的价值认知，取决于他的思维取向。

精神品质的影响力

19 世纪英国最伟大的道德学家塞缪尔·斯迈尔斯曾经说过："一个国家的前途，不取决于它的国库之殷实，不取决于它的城堡之坚固，也不取决于它的公共设施之华丽，而在于它的公民的文明素养，即在于人们所受的教育、人们的远见卓识和品格的高下。"

我想把这句话所揭示的道理用在我们每个人的身上，也是极为妥帖的。一个人的前途，不取决于他家里是多么的富有，不取决于他长得有多么帅气或美丽，而在于他的文明素养，在于他的远见卓识和精神品质的高下。

精神品质是世界上最伟大的动力之一。日常生活中，我们判断一个人，更多的是根据他的精神品质，而不是根据他的学识和财富；更多的是根据他的心地，而不是根据他的智力；更多的是根据他的自控力、耐心、坚定的意志力，而不是根据他的权利和地位。一个人所表现出来的影响力的大小，与他们所拥有的智力禀赋没有直接的关系，而是由他们精神品质上的控制力所决定的。

≫ 王永庆的告诫

美国著名发明家爱迪生说过："伟大人物的最明显标志，就是他优秀的精神品质。"作为一种力量，优秀的精神品质会指导人为达到某个目标

而自觉奋斗、永不退缩，它表现为一种承受能力、自控能力和精神气质。判断一个人精神品质的水平，主要看他在承受过程中，这种精神气质得到了多大程度的体现。

精神品质不仅可以控制一个人的精神世界，还决定了一个人意志力的坚强与否，更能让人的心智达到前所未有的高度，从而自觉地抵制诱惑和干扰。精神品质是一把可以开启人类自控力人门的钥匙，是每一个成功者都拥有的重要特质。

世界塑料大王王永庆经常告诫自己的子孙：“中国有句俗话‘富贵不过三代’。白手起家的第一代，往往缺乏创业的条件，他们明白，如果不努力，根本就没有出头的日子。为了追求创业条件，他们事事都必须耗费苦心，在这种困境中创立起来的基础一定是扎实的。第二代如果善于利用这个基础，往往不太容易受到影响，他们起码还知道用功。到了第三代，不但没吃过苦，甚至没有见过什么苦，因此容易松懈。人一旦松懈了，就会不知不觉地疏于防范。所以说，富贵不会超过三代。”

王永庆忠告子孙，不论家族多么富有，都不能好逸恶劳，而应该发扬祖辈传承下来的坚韧不拔、勇于拼搏、积极进取的精神品质。他本人就是以坚强的意志品质在贫困中崛起，又以一颗平常心对待一生的财富。这才是他在浮浮沉沉的商海之中，长期屹立不倒的原因。

很难想象：如果一个人没有优秀的精神品质，面对贫困时，他会以怎样的方式崛起？面对数不尽的财富时，他会以怎样的方式迷失自己、走向堕落？优秀的精神品质会告诉一个人：什么是应该追求的，什么是应该抵制的，它会永远指引我们行走在光明的道路上。

》钢铁是怎样炼成的

在《钢铁是怎样炼成的》一文中最令人感动的就是保尔·柯察金钢铁

般的精神品质。保尔的人生告诉人们：一个只有在艰难困苦中战胜自己、管住自己的人，才会创造出奇迹，才会成为钢铁般的战士。这部小说讲述了保尔从无知的少年，成长为忠于革命的战士，再到双目失明却坚强不屈的坎坷岁月。

在敌人将他捆绑起来，严刑拷打时，他宁死不屈；在枪林弹雨的战场，他勇往直前；在与病魔搏斗中，他多次令死神敬畏，创造了“起死回生”的奇迹。保尔充分展现了一个优秀的革命战士钢铁般的意志和伟大的精神品质。

但事实上，保尔也是一个平凡的人。他的人生履历中没有什么惊天地、泣鬼神的伟大功绩，他总是从最平凡的小事做起。面对病魔的折磨，他也萌生过自杀的念头，但他很快就控制住了这种念头。他还曾为自己不爱惜身体的行为而自责，明白了这是不负责任的、是任性的表现。因此，保尔是平凡的、是有血有肉的人。

当记者问小说的作者奥斯特洛夫斯基“为什么给书取名为《钢铁是怎样炼成的》”时，奥斯特洛夫斯基的回答是：“钢是在烈火与骤冷中铸造而成的。只有这样它才能成为坚硬的、什么都不惧怕的，我们这一代人也是在这样的斗争中、在艰苦的考验中锻炼出来的，并且学会了在生活面前不颓废。”

伟大的精神品质来源于生活的历练，来源于挫折的考验，来源于苦难的洗礼。保尔正是在历练与洗礼中，才一步步地成为刚毅坚强的战士。所以，我们应该正确地认识苦难，认识挫折，认识艰难的生活，正如列夫·托尔斯泰所说的：“苦难对于奋进者是一块垫脚石，对于能干者是一笔财富，对于弱者是一个万丈深渊。”只有正确认识生活，认识世界，才能学会自控。

捡砖头思维

新东方的创办者俞敏洪，被人们称为“出国梦的制造者”，是中国最富有的老师。而他的成功，与他小时候父亲对他的影响有很大的关系。俞敏洪的父亲是个木工，经常帮别人建房子。每次建完房子，他都会把别人不要的碎砖烂瓦捡回来。久而久之，他家的院子里就多了一些乱七八糟的砖头瓦块。那时俞敏洪还小，不清楚这堆东西有什么用，直到有一天，一间小房子拔地而起。

父亲告诉俞敏洪，做成一件事情并不是一蹴而就的，而需要循序渐进地坚持。此后做事时，俞敏洪经常会问自己三个问题：第一，做这件事的目标是什么？因为如果盲目做事，就好像是捡了一堆砖头而不知道干什么一样；第二，需要多少努力才能把这件事做完？也就是需要捡多少砖头，才能把房子建好；第三，就是坚持，要有足够的耐心，因为砖头不是一天就能捡够的。

人生道路上，处处充满了荆棘坎坷，很多事情都不可能快速做成，唯有不言失败的精神品质和坚持不懈的意志力，才能战胜困难和挫折。这种精神品质是每一位追求成功，想管住自己的人都应该具备的。

“我应该”的力量

如果每时每刻，我们只做内心想做的事情，那该有多好。可不幸的是，如果这样，那衣服可能就没有人洗了，顾客可能就没有人接待了，工作就没有人开展了，好书也不会被写出来了，所有你可以想到的人类成就，可能都不会实现。

≫ 在其位，谋其政

人类发展到今天，一切文明成果，很大程度上得益于三个字“我应该”。“我应该”是一种责任，是一种使命，是一种不能推脱的分内之事。

我是学生，就应该好好学习，哪怕学习很累，我也不能辜负父母对我的期望；我是丈夫，就应该努力工作，尽力赚钱，疼爱妻子，照顾家人，让家人幸福；我是妻子，就应该做好妻子的本分，打理好内政。

做好自己应该做的事情，并不是一件容易的事，因为你也会感到苦和累，你也有厌倦情绪，也有放弃的念头。但是当一切苦尽甘来时，你会得到快乐和幸福。这就是生活，不能因为你想做什么，就可以做什么。很多时候，是因为你处在什么位置，就应该做这个位置所赋予的事情。这就是“我应该”的力量。当一个人有了这番价值认知，他才会被“我应该”驱使，从而管得住自己，做应该做的事。

≫ 朱自清的选择

大千世界，有许多我们愿意且应该做的事情。但有时候，有些事情我们不愿意做，但又应该做，这样的事情哪怕一生只有一次，哪怕做了这一次，有可能会给我们带来伤害，我们也应该勇往直前。比如，当亲友遭遇困境，急需帮助时，我们应该竭尽所能地伸出援手，在危难之时表达真情；当国家有难时，我们应该勇敢地站出来，赴汤蹈火，在所不辞。

1948 年，朱自清的胃病已经到了最严重的时候。这天，朱自清躺在家里，吴晗来到他家，把一份抗议美国扶日政策并拒绝领取美国面粉的宣言书递给他，他看了之后，二话没说，拿起笔颤颤巍巍地在上面签上自己的名字。

一个多月之后，朱自清逝世了。朱自清是因胃病而去世的，病发期间，他对食品有严格的要求，面粉是不可多得的好食品。如果他不签字，别人也能理解。但是签上字，是他作为中国人应该做的事情。因此，他选择了签字。虽然他的死，并不一定是因为没有吃到面粉，但可以想象得到，他在生命垂危之际，仍然清醒地知道自己应该做什么，并且做到了很好的自控。

亚圣孟子曾说过：“不要我所不要的东西，不干我所不干的事。求我所必求，为我所必为；当取则取，当舍则舍，如此而已。”意思是：我所不要的东西，既包括不该要的，也包括不必要的。

生活中，不该要的东西有很多，如不义之财。不必要的东西也有很多，如空衔虚名。如果这些东西你要了，那么你就成了外物的奴隶，就迷失了自己。这种迷失，是自控力脆弱的表现，但从根本上来说，是因为受到了错误的价值认知所误导的，以至于没有感受到“我应该”的力量。

≫ 应该做的，是值得做的

很多应该做的事情，在你当时做的时候，你或许会感到痛苦、厌烦，甚至想过放弃。但是，当你做完之后，回过头来想一想，会发现这些事情也是值得做的。

一般来说，应该做的事情包括以下几类：

（1）职位、角色所赋予给你的事情。如果你不做，就是失职，就是不负责任。例如，在某个工作岗位上，就要做这个岗位上应该做的事情；是父亲，就要做父亲该做的事情，对家庭负责，关心子女。

（2）你兴趣所在、特长所在。即你感兴趣的，又是你擅长的事情，这样的事情你都不去做，试问，你要做什么才能成功？

（3）纯粹的个人爱好。做这类事情时，你会感受到快乐，能够让自己身心放松，以便更好地去做其他应该做的事情。

无论是哪种应该做的事情，你都能发现：当你做了之后，就会觉得是值得的。

第一种事情，你做了之后，会收获应得的回报。包括薪水，上司的认可，家人的理解和尊重等等，这些会让你快乐。

第二种事情，就更不用说了，因为你感兴趣，又擅长，做这类事情你最容易成功。

第三类事情，会让你放松身心，感受快乐。但这类事情应该放在前两种事情之后去做，在空闲的时间去做，否则，这就叫不务正业了。

值得注意的是：在你做应该做的事情的过程中，不要三心二意，想不该想的事，做不该做的事。例如，在你工作的过程中，就不要想做完工作玩什么，就不要惦记正在进行的足球赛。明智的做法是，一心一意完成工作，再去做你想做的事情。这样才能最大限度地保证工作效率。

找准自己的位置

每当看到大学生找不到工作的新闻报道，看到有人抱怨社会、抱怨命运，看到有才能的人郁郁不得志，感慨人生无奈时，我就会思考一个问题——到底是怎样的价值认知，让他们活得那么郁闷？

经过长期的思考和研究，我得出了一个结论：是他们错误地认识了社会，错误地估量了自己，才会错误地定位自己，然后才会有接连不断地不如意，才会有接二连三的目标更换，才会有许多浅尝辄止和半途而废。

这一切的源头就在于价值认知出了问题，甚至可以直白地说，他们在用错误的价值观看世界，用扭曲的价值观看自己。因此，怎么可能看到一个真实的自己，怎么可能找准自己的位置呢？

》 别说世界辜负了你

在我们身边，总有一些人，他们看错了世界，却说世界辜负了他们。他们自认为自己是宝贝，但却在错误价值认知的指引下，把自己放在了错误的位置上，结果硬生生地把自己变成了枯木朽枝。

鸟儿在天空中飞翔，天空是它的位置；骏马在原野上奔腾，原野是它的位置；猛兽在山林中出没，山林是它的位置；鱼儿在水底潜游，水底就是它的位置。你有你的位置，我有我的位置，我们每个人都有属于自己的位置，完全不必羡慕别人。

如果鸟儿离开了蓝天，它能尽情飞翔吗？如果骏马离开了原野，它能尽情地奔腾吗？如果猛兽走出了山林，它能称霸一方吗？如果鱼儿离开了水底，它还能自由徜徉吗？当然不能，所以，当你处在错误的位置上，一事无成的时候，没有必要抱怨，是你没有管好自己，没有找到自己的正确位置，是你辜负了自己，而不是世界辜负了你。

世间万物，皆有所用。也许你卑微，也许你渺小，但你有你的价值。你的价值就是把你的光和热发挥出来，淋漓尽致地展现你自己。但做到这一点的前提是，正确地认识世界，认识自己。

对于一个人来说，最大的不幸不是遭遇了困难与挫折，而是屡次碰壁之后，还不能摆正自己的位置，放平自己的心态。挫折与失败只是人们遭受的外来痛苦，如果没有内在的调整，没有自知之明，没有一个平和的心态，就无法从痛苦中走出来，找到新的出路。放眼看去，优秀的仁人志士都是懂得找准自己位置的人。

文学巨匠鲁迅最开始想通过学医来救治国人的身体，但最终他发现这样行不通，于是弃医从文，用文笔作匕首；史铁生饱受几十年坐轮椅的痛苦，但他不屈从命运的安排，用纸和笔书写了自己的人生，展现了自己的文学才华，塑造了一个积极健康的自己。

俗话说："心有多大，舞台就有多大。"但我们还需掂量自己的能耐，不是那块料，就别做那行的事。只有找准了自己的位置，并且能够随时调整自己，才能最大化地实现自己的价值。

≫ 调整你的期望

每个人对自己都有一种期望，当自己的能力不足以实现这种期望时，聪明的人懂得调整自我期望，然后对自己的角色进行认同，这能使他保持一颗平常之心，从而在自己的位置上，以自己的身份和能力，做好自己的

事情，并与周围人建立良好的关系。

美国著名诗人道格拉斯·马罗区写过这样一首诗，他非常温婉地告诉人们：要学会调整自己的期望，只有调整了期望，才能找到适合自己的位置，才能在这个位置上有所作为。下面，我们就一同来欣赏这首诗，回味其中所揭示的人生道理：

如果你不能成为山顶的一株松，
就做一丛小树生长在山谷中，
但须是溪边最好的一小丛；
如果你不能成为一棵大树，
就做灌木一丛；
如果你不能成为一丛灌木，
就做一片绿草，
让公路上也有几分欢娱；
如果你不能成为一只麝香鹿，
就做一条鲈鱼，
但须做湖里最好的一条鱼；

我们不能都做船长，总有人当海员。
世上的事情，多得做不完。
不管是大事，还是小事。
我们总有自己分内的工作。

如果你不能做一条公路，就做一条小径。
如果你不能做太阳，就做一颗星星。

不能凭大小来断定你的输赢，
无论你做什么都要做最好的一名。

》保持本色

英国诗人、剧作家莎士比亚有一句名言："世界是一个大舞台，每个人都扮演着一个重要的角色。"一个人要想在社会上取得成功，首先要明确自己的社会角色，然后保持自己的本色，这样才能成为最好的自己。在这方面，戴尔·卡耐基就有过深刻的教训：

上大学的时候，卡耐基进入了美国戏剧学院，希望能做一个演员。当时他有一个自以为是的聪明想法，他认为这个想法就是成功的捷径，而且这个想法非常简单，又非常完美，他不懂得为什么世界上那么多聪明的、野心勃勃的人没有发现这条成功的捷径。

这到底是怎样一条成功捷径呢？用卡耐基的话说，就是他要去学习那些有名的演员是怎样演戏的，学会他们的优点，然后把每个人的长处都学下来，使自己成为一个集众家之所长的演员。

可是后来卡耐基发现，这是一个非常愚蠢、荒谬的想法，他后悔自己在模仿别人上面浪费了时间，他认识到：做人一定要维持自己的本色，因为每个人都不可能变成别人。即便别人很出色，你很羡慕他，你也不可能成为他。

原以为这次痛苦的经验会给卡耐基上一堂难忘的课，可没想到，他还是没有学乖。在他准备写一本公开演说方面的书时，他再次犯了类似的错误。他把同类很多书的作者的观点都搜集过来，花了一年的时间把他们的概念写进了自己的书里。

然而，他发现这样写出来的东西非常做作，非常沉闷，没有一个人看得下去。没办法，他只好把一年的心血丢进了废纸篓里，重新开始写作。

这一次，他对自己说：“你一定要保持自己的本色，不论你的错误有多少，能力多么有限，你都不可能变成别人，你要做最好的自己。”

从此，他不再试着做其他人所有的综合体，而是卷起袖子，做自己最应该做的那件事：写一本关于公开演讲的教科书，而且完全以自己的经验、感受、观察，以一个演说家和一个演讲教师的身份来写这本书。卡耐基成功了，是因为他明确了自己的社会角色，明白了自己的独一无二。

当你找准了自己的位置，剩下的就是保持自己的本色，努力做最出色的自己。这并不是说，你不应该学习和借鉴别人，而是说，你不应该过于迷恋他人、模仿他人。你应该管住自己，不去过分地羡慕别人的出色，还需克制自己的自卑心理，坚定地表现出自己的特色，这样才最有希望成功。

钱越多，就越幸福吗

有人说："有钱不一定快乐，但没有钱肯定不会快乐！"还有人说："钱不是万能的，但是没有钱是万万不能的。"这些说法虽然有些绝对化，但还是很有道理的。没错，金钱的最大作用就是保证生活，让人衣食无忧，让生活过得阔绰一点。明白了这一点之后，也许你对金钱的追求也就能够知足与知止了。

≫ 金钱的作用

生活中，为什么很多人对金钱的追求近乎狂热，甚至为了金钱不惜做出违背道德和良知的事情。这是因为他们对金钱产生了错误的价值认知，认为钱越多，就会越幸福。有了这种错误的价值认知之后，他们对待金钱和物质方面的诱惑，就会失去抵抗力，继而表现出以下两种常见的行为。

第一种：为了赚钱没日没夜地干活，家人和孩子需要陪伴时，他们拒绝的理由是："我要赚钱，不赚钱拿什么养活你们。"朋友约他们出来吃饭、唱歌、聚会时，他们拒绝的理由是："太忙了，还有工作没做呢，下次吧！"这种人过于勤奋，一心扑在工作上，无心顾及生活的其他方面，包括与家人交流，陪伴孩子，与朋友来往等等。

第二种：一边想赚钱，一边又好逸恶劳，于是想出一些歪门邪道，干起了损人利己的勾当。例如，偷窃、抢劫、诈骗以及各种各样的违法行为。

最后往往锒铛入狱，毁了自己的一生，也让身边的亲人抬不起头。

我曾接待了一位先生，他由于过分地把心思放在工作上，导致与妻子疏于交流，最后妻子耐不住寂寞，背着他出轨了。他痛苦至极，选择离婚。但离婚之后，他显得很迷茫，他不知道自己之前那样拼死拼活地工作是为了什么，虽然收入颇丰，家底殷实，但他却一点都不快乐。

听完他的讲述，我真的为他感到难过，原本是一个很有责任心的男人，最后却遭遇如此不幸。但我也提醒他：“幸福并不是你赚了多少钱，更不是钱越多，就越幸福。真正的幸福来自于内心，来自于情感上有寄托，亲人之间有交流，朋友之间有来往，生活在一个其乐融融的和谐环境之中。所以，为了赚钱而忽视精神追求、忽视情感是不值得的。”

如果一个人的追求永远是赚钱，那么他就会不由自主地沦为“金钱至上”的人，变成一个为了赚钱而活着的奴隶。很多人在赚钱的时候，也许并没有真正想过：我赚钱是为了什么？是自己消费，还是留给后代？或从事慈善事业？我建议大家深入思考这个问题，也许就会发现：原来赚钱不过是为了改善生活，而当生活条件达到了不错的水平时，还有什么必要忙忙碌碌、拼死拼活呢？

≫ 张朝阳的感悟

赚到了钱，有了名利，有豪车豪宅，才会被人看得起，才会活得有面子，才能想做什么就去做什么。很多人都是这么想的，但实际上，这些不过是幻想。

搜狐董事局主席张朝阳，是一位不缺少财富、名声的成功人士。然而，由于极度抑郁和焦虑，最后患上了抑郁症，并闭关一年。2013 年，复出后的张朝阳接受了杨澜的访谈，他说：“以前我觉得钱越多，自由度越大，人就会越幸福。我是真的什么都有，可我居然还这么痛苦。后来我就发现，

幸福跟钱的多少，真的是没有关系。”

我有一位开公司的朋友，他曾经叱咤商界，无往不胜，在别人眼里，他是成功人士的典范。但除了工作，他的乐趣并不多，到后来，工作赚钱已经变成了一种习惯性的行为。就像他肥胖的身体，都是多余的东西组成的一样。

2009 年 8 月的一天，我得知他得了一场重病，于是赶往医院去看望他。他见我来了之后，向我倾诉心声。他频繁地回忆起自己的一生，说：“曾经让我感到无限得意的社会名誉和财富，在死亡面前已经变得黯淡无光，毫无意义。”

我不断地安慰他，开导他：“你现在最想要的是什么？”

他略微思考了一下，用很平静的语气说：“现在我明白了，人的一生只要有够用的金钱就行了，然后就应该去追求与金钱无关的东西，这应该是比金钱更重要的东西，也许是情感，也许是兴趣爱好，也许是艺术，也许只是儿时的一个梦想，也许是去异国他乡，感受不一样的风景。”

是啊，无休止地追求财富，只会让人变得贪婪和无趣，变成一个价值扭曲的怪物。上帝造人时，给我们丰富的感官，是为了让我们更好地感受世间的美好，感受人与人之间来自心底的爱，而不是财富带来的虚荣和幻觉。

≫ 乐极生悲

身外之物总是让人裹足不前，总是让人双眼迷离，错失生命中最宝贵的、最美好的东西。但人又总是这样，不经历一些沉痛的经历，就跳不出金钱的思维怪圈，最终蹉跎抱憾。要想避免人生留下遗憾，就一定要克制欲望，不让欲望驾驭灵魂。

列夫·托尔斯泰的作品中，有这样一个故事：

巴河姆到草原上购买土地，卖地的人提出的地价是：只要出1000卢布，就可以围着草原跑一圈，圈内的土地就归他所有。条件是，日出时出发，日落之前回到出发点。否则，他一寸土地都得不到，而且1000卢布也归卖地的人所有。

巴河姆很高兴地接受了这个价钱和约定，在付了1000卢布后，第二天太阳刚升起的时候，他就围着大草原跑了起来。他跑了很久很久，这才拐弯向左跑，又跑了很久很久，又向左拐……他非常疲惫，但心中的贪念提醒他再跑远一点，结果，他就这样一直奔跑着，直到晕倒在地上，再也没有起来。

巴河姆放纵了自己的欲望，不但没有得到土地，还丢掉了性命。害死他的不是别人，正是他自己，是他自己对物质的错误认知衍生的贪欲害了他。

马斯洛认为，人的欲望是天赋人权，人来到这个世界上，就有权利满足自己的欲望。但满足欲望必须在不损害他人利益的基础上，在社会的规范之中进行。而且欲望要有限度，切不可任凭欲望膨胀，却不加以制止。否则，当真正满足欲望的机会来临时，往往会发生乐极生悲的事情，就像巴河姆一样。

失败到底意味着什么

失败意味着一切都化作乌有了吗？失败意味着你是一个失败者吗？失败意味着你会招来他人的冷眼和嘲讽吗？也许并不是你想象的那样。那么，失败到底意味着什么呢？正确地认识这个问题，有助于我们在失败面前保持自控，在失败之后管住自己，继续坚持下去，而不是因为失败了就心灰意冷，就自暴自弃，就甘于认命。

≫ 失败的意味

爱迪生在发明蓄电池时，有人曾善意地提醒他："你已经失败了24999次了。"但是爱迪生却说："不，我并没有失败，我只不过发现了24999种蓄电池不管用的原因。"

这不过是爱迪生伟大的发明之路上的一个例子，他的一生共得到1093项发明专利，例如留声机、电影、电动笔、蜡纸及日光灯，等等。他的一生是由失败铸就的，他曾说过一句名言"失败是成功之母"。这句话激励了无数后人，也告诉了人们，失败并没有什么大不了的，那不过是成功之路上要经历和跨越的障碍而已。

失败并不意味着你是失败者，它只意味着你尚未取得成功；

失败并不意味着你一无所获，它只意味着你获得了经验和教训；

失败并不意味着你愚昧无知，它只意味着你的策略还有待提高；
失败并不意味着你的声誉受损，它只意味着你还要接受新的挑战；
失败并不意味着你失去了一切，它只意味着你还需继续努力；
失败并不意味着你应该放弃，它只意味着你要更加顽强。

其实，失败不过是我们在做某件事情时，得到的结果不如我们所料，不尽如人意。如果能够换个角度看待失败，你会发现它更能磨炼人，会让你变得更加坚强和智慧。所以，不要因为失败了几次就轻言放弃，要像爱迪生一样，从哪里跌倒，就从哪里爬起来，勇敢地接受失败，并从失败中总结经验教训，再次努力去追逐成功。

≫ 失败后的自控力

在这个世界上，只有死者才不会失败，活着的人都会经历失败，既然每个人都经历过失败，你又何必因为失败而沮丧呢？况且失败是成功之母，人在通往成功的道路上，先要学会承受失败，只有承受得住失败考验的人，才配拥有卓越的成功。

山德士上校在创办肯德基之前，是一名退伍军人，每个月只能靠政府发放的补贴金来维持生活。后来，它发明了一个炸鸡的秘方，决定向各大食品公司推销他的秘方，但每次他都被人拒绝。经过 1001 次的努力，他终于被一家食品公司接受。在之后短短的一年半时间内，他开了三家连锁店，受到了人们的喜爱。

在 20 世纪 90 年代末，史玉柱背负着超过 2 亿人民币的债务，从名利的顶峰直接坠入谷底，成为中国最大的“失败者”。然而，他没有被失败击垮，而是默默地带领团队继续创业，最后不但还清了债务，而且还带领巨人集团再一次崛起。

还有 20 世纪 90 年代的中国羽毛球运动员张宁，他在 1994 年的尤伯杯决赛中，迎来了职业生涯的第一次战役，但是却以失利告终，使中国失去保持了五连冠的尤伯杯。此次失利，张宁承受着巨大的压力，然而他化悲痛为力量，通过艰苦训练，终于在 2004 年雅典奥运会中，夺得了男子羽毛球单打的冠军。这时的他，已经 29 岁了。

一个个成功的故事告诉我们，失败并不可怕，因为在成功之前，我们本来就没有什么，失败了不过是积累经验，吸取教训，以便更好地前进。失败之后，你可以哭，可以沮丧，但不要让这种负面情绪持续太久，调整好自己的心态，明天又是新的一天。

≫ 失败的益处

失败并不可怕，相反，失败是我们的朋友，能带给我们益处，能帮助我们更好地提高和成长。下面，就来看一看，失败到底有哪些益处。

（1）失败让人学会接纳自己

成功时肯定会觉得自己很了不起，可是失败时，你还会这样认为吗？如果你能够在失败的时候依然接纳自己，认为自己是真英雄，是了不起的人，那么你就不会沮丧太久，你会很快振作起来，重新起航。

（2）失败可以提高人的适应力

一次又一次的失败，会让人学会成长，学会适应不利的局势。随着适应力的提高，人的情绪自控力也会得到进一步的提高。

（3）失败让人变得谦逊

傲慢是令人生厌的，谦逊才会讨人喜爱。如果你从来没有失败过，久而久之，你的内心就很容易滋生出傲慢，而如果遭受过失败的打击，你就傲慢不起来了。失败能让你看到自己的不足，看到自己的问题，让你更有自知，从而变得谦逊起来。

（4）失败可以让你开动脑筋

失败让你不得不思考做事的方式和方法，逼着你调整思路，从而让你变得更加足智多谋。

对失败的认知，直接关系到你对失败的态度。当你发现失败有这么多好处时，又怎会不能接纳失败呢？接纳失败意味着从失败中汲取经验教训，从失败中找原因，调整策略，改变思路，继续努力前进。

还有时间，这是一种病态的悠闲

上学的时候，每年的寒暑假作业，很多学生都不会按时完成，等到开学的前几天，才慌忙地赶时间、抄作业，有些学生甚至拖到开学之后才写；工作之后，领导安排的工作，我们总是不到最后期限不去完成；家庭生活中，本来家里要添置家具的，但一拖再拖，直到最后严重影响了生活，才不得不挤出时间，逼迫自己去购买……我们总以为还有时间，明天做也不晚。正是这种病态的心理，制造了一种虚假的悠闲，拖延的本质是什么？人为什么会拖延呢？

≫ 拖延的原因与本质

拖延，本质上是一种对未来的迷信，总认为还有明天，还有时间，等一会儿，等几天又有什么关系，就是在这种无止境的自我安慰中度过了一天又一天。殊不知，时间在不停地奔走，当你把今天应该完成的事情拖到明天去做时，明天又有明天的工作要完成，于是明天的工作内容又被挤到了后天，后天的工作又被挤到了大后天。如此循环下去，生活就陷入了可怕的噩梦之中。

那么，拖延的原因又是什么呢？这个问题我曾被人问过无数次，我的回答是：人拖延的原因有四个。

第一，对成功的信心不足，在犹豫不决和徘徊不定中拖延；

第二，讨厌被人委派任务，在逆反心理和不满情绪中拖延；

第三，注意力不集中，易分散，目标不明确，在三心二意中拖延；

第四，目标与酬劳太过遥远，在看不到希望，找不到动力的心境下拖延。

在这里，要特别注意的是，一个人在不自信的时候，很容易表现出拖延行为。比如，在工作中曾经遭遇了重大的失败、不够自信，就容易产生逃避心理。他们总是认为自己能力不够，不能很好地完成任务，于是越拖越久。而且还会找借口来为自己开脱，比如，累了、状态不好、时间还有很多等等。事实上，能找借口为自己开脱的人，其内心是很在意别人是如何看待自己的，因为他们担心完不成任务时，别人会觉得是他不够努力，会觉得是他能力不够导致的。

≫ 死神的告诫

在一个深夜，一个病危者迎来了生命的最后一分钟，死神如期来到他的身边。见到死神后，他祈求道：“再给我一分钟可以吗？”

死神问他：“你要一分钟干什么？”

病人说：“我想看一看天，看一看地，想一想亲人和朋友，看看绽放的花朵。”

死神冷酷地说：“你的想法不错，但我不能答应你。”

“为什么一分钟都不肯给我？”病人绝望地问。

死神说：“我曾经给了你那么多时间，让你去做这些事，但你不珍惜。现在，我给你看一下你的时间账单。在你 60 年的生命中，有三分之一的时间你是在床上睡觉；剩下的 40 年时间里，你做事经常拖延；你感叹时间过得太快多达一万多次；上学时，你拖延完成作业；工作后，你拖延完成工作，你还抽烟、酗酒、打牌，虚度光阴……”

死神的话还未说完，病人就断气了。死神叹了口气说：“如果你能不

这样拖延时间，你就能听完我给你整理的时间账单了。真可惜，世人总是这样，等不到我动手，就自己后悔死了。”

每个人的生命都是有限的，当拖延成为一种习惯，而且你已经无法自控时，死神就在不知不觉中来到了你的身边。你可以给自己时间，但生命不会给你时间。

≫ 悲惨的结局

拖延不仅仅是浪费时间、浪费生命那么简单，它还经常会误事，甚至酿成许多悲惨的结局。比如，美国独立战争期间，英国的拉尔上校正在玩纸牌，士兵送来一份报告，说华盛顿的将军已经到了德拉瓦尔。但拉尔上校只顾着玩牌，顺手就将报告塞进衣兜里。等到牌局结束时，他才打开那份报告。然后，下令调集部下出发迎战，可为时已晚。最终全军覆没，拉尔上校也战死了。

仅仅是几分钟的拖延，就能改变一个人的命运，改变一个国家的命运。可见，拖延的后果多么严重。在我们普通人身上，拖延同样具有无穷的破坏力。拖延可能使人错失工作和学习的机会，错失自己的爱人，错失与年迈的父母见上最后一面的机会。

一家外贸公司的老板要去德国出差，且要在一个国际性的会议上发表演讲。出发的头一天，老板让员工小陈起草了一份演讲稿，等他到达德国之后，通过电子邮件发送过去。

老板离开之后，大家轻松地谈笑，仿佛没有人监督自己了一样。同事见小陈聊得那么欢快，就问：“你负责的演讲稿准备好了吗？”小陈说：“哎呀，着什么急吗？老板要晚上才能到达德国，明天上午才开会，我明天早上发过去也不晚。”

那天晚上，朋友约小陈去 KTV 唱歌，小陈说：“我虽然很想去，但

是我要给老板写一篇演讲稿。”朋友马上劝说道：“急什么呢？明天早上早点起床写好不就得了？”小陈一想也对，于是就去 KTV 了。

唱歌的时候，大家推杯换盏，一个个喝得醉醺醺的。回到家里，小陈一觉睡到了第二天上午 10 点，打开手机，发现有十几个未接电话，都是老板打来的。这时他才慌了神，意识到自己的演讲稿还没写好……

因为这次演讲稿的问题，老板在国外的会议上出尽了洋相，一单生意也没有谈成。回国后，老板第一件事就是将小陈扫地出门。

⋙ 凡事立即行动

拖延是散漫的表现，是没有责任心的表现。一个上进的人绝不应该被拖延阻碍前进的脚步，曾有人问法国的一位政治家：“你凭借什么在政坛上取得巨大的成功，而且能承担多项社会职责？”政治家说：“因为我从来不把今天的事情拖到明天去做，仅此而已。”由此可见，凡事立即行动，今日事今日毕，是消除拖延、修炼自控力的秘方，也是成功者必备的良好习惯。具体来说，应该做到以下几点：

（1）确定目标，获取动力

每一件事都是一个小的目标，一定要明确今天做什么，这个时段做什么，你才会充满动力。告诉自己，每一时段只完成一件事，一旦确定了目标就要立即行动。如果你管不住自己，可以求助于身边的亲人、朋友或同事，让他们监督你、提醒你。

（2）建立时间有限的观念

巴金森曾经说过：“你有多少时间完成工作，工作就会自动变成需要那么多时间。”如果你有一整天的时间做某件事，你就会花一整天的时间去完成它；如果你只有一个小时的时间去完成这项工作，你就会自然而然地加快速度，在一个小时内完成它。所以，一定要建立“时间有限”的观

念，给每一项任务设置时间期限。当你想找借口拖延时，可以将“我累了，明天再做吧”改为“我累了，但必须在接下来的 30 分钟内解决问题”。这样可以帮助你提高行动力和自控力，使你远离拖延。

（3）尽量消除周围的干扰源

做任何一项工作，都需要保持高度的注意力，这样才能保证工作效率。然而，突如其来的打扰总会不断地干扰你，比如，来电、短信、QQ、微信、音乐、旁人说话等等。虽然你不能完全消除干扰，但你可以把周围的干扰降至最低。比如，工作的时候关掉 QQ、音乐，电话静音……把一切有可能干扰你的东西都“屏蔽”掉，不给自己任何找借口的机会。

自我选择的深层次分析

人生处处充满了选择。什么样的选择决定了什么样的生活，今天的生活是由三年前的选择决定的，而今天的选择将决定你三年后的生活，这就是自我选择效应。当一个人选择了某条人生道路，就必须要有向这条道路走下去的惯性并且不断自我强化。

≫ 不要抱怨，一切都是你选择的

从前，周国有个人想当官，但总是当不上。年迈的时候，他想到自己的一生，不禁失声痛哭。旁人问他为什么哭，他一边哭一边回答说：“我多次想当官，但都不被看中，现在年纪大了，没有机会了，想想都心凉，所以就哭了。”

旁人奇怪地问：“为什么多次求官都失败呢？”

老人说：“我年轻时学的是文，能写一手好文章，准备去当官，但国君喜欢任用年老的人；后来国君去世了，新任国君又喜欢武将，等我学好兵法和武学，这任国君又去世了；少君登基后，喜欢任用年轻人，而我又老了，所以一次官都没有求成。”

老人确实有被命运捉弄的感觉，但深入分析，其实他并没什么可抱怨的，因为他的命运是由自己的选择决定的。我想不明白的是：为什么他一定要选择做官呢？如果选择另一条人生道路，也许他的命运会大不一样。

每个人的一生都要面对数不尽的选择，昨天的选择决定了今天的生活，明天的生活取决于今天的选择。所以，当你发现当下过得不如意时，不要抱怨，不要哀叹，因为那是你昨天错误的选择造成的。当你看见别人今天过得如意，也不必羡慕、嫉妒、恨，因为那是他昨天正确的选择决定的。

有三个人即将被关进监狱，监狱长对他们说："我可以满足你们每人一个要求。"美国人爱抽雪茄，要了三箱雪茄；法国人浪漫，要了一个美女；犹太人要了一部电话，方便与外界沟通。

三年后，美国人第一个冲出监狱，只见他鼻孔里塞满了雪茄，大喊道："给我火，给我火"。原来，三年前他忘了要火。接着法国人走出了监狱，陪在他身边的还有一位挺着大肚子的女人和两个孩子。

最后犹太人走出来了，他握住监狱长的手说："为了表示对你的感谢，我要送你一辆劳斯莱斯。因为在这三年的时间里，我每天与外界联系，我的生意不但没有中断，反而增长了 200% 的利润。"

看到了吗？三个人的选择不同，三年后的人生也大不一样。今天的你还有什么理由去抱怨社会，抱怨外界，抱怨不幸呢？一切都是你选择的结果而已。如果你不想继续过着不如意的生活，那就珍惜当下的选择，为未来的美好生活做出正确的选择吧！

≫ 不要犹疑，选择意味着放弃

小汪毕业于北京的一所名牌大学，学的是计算机专业。毕业时，国内一家知名企业重金邀请他，而且还有几家外企愿意接收他。与此同时，家里通过关系，联系了一家单位，叫他尽快回去报到。

面对多个工作机会，小汪陷入了犹豫不决中。他想选择国内名企，因为待遇好，但是退休后生活可能没有保障；他想选择外企，因为发展空间大，但竞争也激烈；他想选择家乡的单位，因为工作稳定，衣食无忧，但

可能工作没有激情。

左思右想，小汪还是拿不定主意，最后国内名企和外企放弃了他，因为它们耗不起，早已招聘了想要的人才。这时小汪只能去家乡的单位上班。在单位里，每天做着端茶倒水、写报告的工作，与自己所学的专业相距十万八千里。一年后，他就觉得没意思，变得心灰意冷起来。

这个时候他想离开这个单位，重新找工作。可是他又陷入了犹疑和徘徊中，他担心找不到理想的工作，又担心丢了这个铁饭碗。于是，又在徘徊中耗费了几年……小汪写信给我，问我他该怎么办？他说不想在单位里混一辈子，但又害怕激烈的竞争……

选择意味着放弃，如果你舍不得放弃一些选项，你就无法做出选择。世界上，两全其美的事情太少了，很多时候我们需要面对取舍，有取舍才有选择。如果当初小汪果断地选择，也许不会被国企和外企放弃，可能选择进入了其中的一家单位，生活也会不一样。而当一个人无法选择时，其实他还可以选择——选择干好当前的工作，而不是得过且过，但小汪恰恰选择得过且过。

关于选择时的取舍，有以下两条建议：

（1）两害相权取其轻，两利相权取其重。这个道理很简单，但做起来真的很难。关键是，有时候我们不知道哪个选项更好。这就要求我们问自己：我需要什么？符合我需要的选项就是最好的，其他的只能放弃，哪怕不舍。

（2）放弃完美化的要求，从现实入手。每个人都有完美的想法，会产生不切实际的愿望。比如，“如果……”“要是……”等，为了这些假设长时间陷入内心的矛盾冲突之中，白白耗费时间，浪费机会。明智的做法是，从现实入手，果断地做出选择。

≫ 不要害怕，别无选择是最好的选择

有个漂亮的女孩已经28岁了，是名牌大学的毕业生，已经和男朋友恋爱五年了。她想结婚，可男朋友至今没有房子，这让她不甘心；她想分手，却又舍不得这五年的情分。于是，她陷入了矛盾之中。

生活中，类似的矛盾很多人都有体会，为什么人会不幸福呢？为什么身在福中不知福呢？那是因为他们有很多选项。越是条件优越的人，选择的空间就更广，选项也就更多，在他做出选择之前，其内心的冲突就会越多。

假设那个女孩没有大学文凭，没有骄人的相貌，恐怕她早就和男朋友结婚了。因为选项太少，就不会纠结太多。更别说没有选择，只有一条路的时候，只会义无反顾地走下去。所以，有时候我们管不住自己，也不能完全怪自己的自控力差，外界过多选项的诱惑也起到了推波助澜的作用。

曾有一对夫妇，把自己的家安置到人迹罕至的大森林里，他们的初衷是：这样双方都不会有离婚的念头，因为那里几乎不会有第二位男人或第二位女人。在这种别无选择的情况下，他们只能管住自己，致力于巩固彼此的关系。这个例子告诉我们：有时候别无选择也许是最好的选择。因为只有一条路，你只能硬着头皮走下去。

从前有个公主选驸马，条件是：要顺利通过一条鳄鱼横行的河流。前来竞选驸马的男士很多，但都站在河边不敢行动。突然，一个年轻人跳进河里，快速地游到了对岸。上岸后，他的第一句话是："是谁踢我下去的？"

为什么岸上那么多人不跳下河呢？因为当他们站在岸上时，他们还有另一种选择：选择不跳下去，以保住自己的性命。而那位被踢下河的人，别无选择，只能挑战极限，结果他成功了，羡煞旁人。由此可见，有时候人需要逼自己一把，把自己置身于没有余地的境地，或主动创造别无选择的环境，只有这样才能义无反顾，全力以赴。

第九章

自我管理的七个训练方法

古今中外的成功者身上，都有一种优秀的品质，它叫意志力、自控力或克己自律。这种品质并非天生的，而是后天训练的结果。你要做的就是找到自我训练的方法，并持之以恒地训练，只有这样，你的意志力、自控力才会被开发出来。

逆境磨炼法：战胜的不是一座山，而是自己

超强的自控力不是天生的，主要还是靠后天训练而成。说到如何训练自控力，我们最应该珍惜的便是逆境与挫折。逆境与挫折会带给人痛苦，但也能磨炼一个人的心智，能培养一个人克己自律的品质。因此，面对挫折时不要消极沮丧，而应该保持乐观的心态，学会珍惜逆境带给自己的磨难。

≫ 珍惜逆境

任何一个陷于逆境中的人都觉得自己是不幸的，因为逆境确实容易让你感到沮丧，但如果你能从逆境中走出来，走向成功，回过头再去看逆境，就会发现那是你人生的一笔财富，它让你成熟，让你成长，使你的潜能得以激发，使你的内心变得强大。

美国电影巨星史泰龙，在成名之前的十几年里过得十分落魄，经常身上只有 100 美元，连房租也付不起，不得不睡在金龟车里。然而，生活上的落魄并没有阻碍他的演员梦，他非常自信地到纽约的各个电影公司应聘。当时纽约有 500 家电影公司，很多公司都因他相貌平平、吐字不清而拒绝了他。

史泰龙没有灰心丧气，他总结失败的经验，决定改变策略。随后，他写了一个名为《洛奇》的剧本，并带着剧本四处推销自己。终于有一天，

他遇到了一个愿意拍《洛奇》剧本的电影公司老板，此时史泰龙已经被拒绝了上千次。电影公司的老板答应使用他的剧本，但是不允许他在电影中演出，史泰龙毫不妥协，坚持要出演片中的角色。最终，史泰龙成功地在电影中担任了角色，正是凭借在这部电影中的出色表现，史泰龙一炮走红，成为好莱坞巨星。

在逆境、失败与挫折屡次袭来的时候，你能像史泰龙一样管住自己的梦想吗？你能克己自律地走在追求梦想的道路上吗？如果你能，那么逆境就是磨炼意志力的好机会。如果你不能，那么逆境就是你的灾难。

孟子曰："天将降大任于斯人也，必先苦其心志，劳其筋骨，饿其体肤，空乏其身，行拂乱其所为，所以动心忍性，增益其所不能。"历史上许多成功人士，都与逆境的磨炼和失败的洗礼分不开，经不起逆境磨炼的人，还能成就什么呢？

著名法国化学家格林尼亚，年轻时家境优裕，备受家人的宠爱，这使他变得游手好闲，没有理想和追求，整日无所事事。可是好景不长，几年后他的家庭彻底破产，变得一贫如洗，昔日的朋友纷纷离他而去，甚至连他的女朋友都嫌弃他，并当众羞辱他。这些巨变让他幡然醒悟，他开始发奋读书，立志追回被浪费的时光。九年之后，他研制出格氏试剂，并获得了诺贝尔化学奖。

世上没有一帆风顺的事业，任何事业的成功，都是经得起考验的。正所谓"天无绝人之路"，在逆境甚至是绝境中，只要你保持乐观的心态，不放弃对理想与目标的追求，你就能在逆境中锻炼自己，提高自己，创造奇迹。

≫ 挑战不喜欢的事

没有人喜欢逆境，突如其来的逆境也许会让你措手不及，但冷静下来

之后，乐观地面对，珍惜逆境带给自己意志力的磨炼，你的人生将会发生巨变。可是，如果没有逆境来袭，我们该怎么磨炼自己呢？其实很简单，那就是要不断尝试挑战自己不喜欢、不擅长的事情。

埃德蒙·希拉里是第一位成功征服珠穆朗玛峰的新西兰人，当记者问他是如何征服这座高峰时，他的回答是："我真正征服的不是一座山，而是我自己。"当你挑战自己不喜欢、不擅长的事情时，你要征服的不是具体的事情，而是征服你自己。当你征服了自己，你就能征服一切。

从现在开始，你可以尽情地去寻找各种自己不喜欢的事情或习惯，别害怕痛苦，因为痛苦只出现在开始的那段时间，而且伴随着痛苦的出现，你的意志力、自控力将会得到很大的磨炼。只要你学会了这种技能，你就可以搞定很多事情。比如，克服拖延、健身、学习新的语言、探索未知的领域等等。

例如，你是一位久居大都市的职场白领，你从未到户外露营过，那么你可以约上三两位朋友，去户外探险、露营，挑战一下你在自然环境中的生存能力；你是一位害怕野生动物的胆小鬼，你见到虫子就会害怕地尖叫，那么你可以约上几位朋友，穿越一片野生丛林，一路上即可欣赏风景、又可磨炼意志力。

再比如，你没有阅读的习惯，你把读书看成是一件很痛苦的事情。如果你能建立一个表格，让自己每读完一章节，就在上面写一个"+1"，逐渐养成习惯以后，当你读完一本书后，就在这个表格里写上"+1"，如此一来，你会惊喜地发现自己一个月居然可以读完五本书，还会发现阅读不再是痛苦的事情，而是一种习以为常的事情。当你与别人在聊天中谈论你阅读后的感想和看法时，你会觉得这是一件很有成就感的事情。然后阅读会变得不再痛苦，而成为一种习以为常的事情。

延迟满足法：等待过程中的内心斗争

如果说诱惑是一块糖果（可能是甜的糖果，也可能是有毒的糖果），那么，面对这块糖果时，你是想立即吃掉它，还是忍一忍，等待一段时间，再去吃它呢？或者干脆视而不见，转移注意力，去做别的事情，将其抛到九霄云外呢？这直接考验你的自控力。

≫ 糖果效应

美国心理学家萨勒曾做过一个实验：他把一群 4 岁的孩子叫到房间，给他们每人发 2 块糖，并对他们说："如果你们能坚持 20 分钟不吃糖，等我买完东西回来，我会再给你们每人 2 块糖。但如果你们不能坚持 20 分钟，吃掉了糖，那等我回来你们就不能再得到糖了。"这对 4 岁的孩子来说，是一个很难做出的选择——孩子们都想再得到 2 块糖，但又不想为此熬 20 分钟。可是如果现在就吃掉糖，等会儿就不能再得到 2 块糖了。

出门之后，萨勒暗中观察孩子们的举动，看到的景象是：有些孩子早已迫不及待地吃掉了 2 块糖，而有些孩子没有吃，他们在想各种办法让自己克制糖果的诱惑。他们有的闭上眼睛，避免看见诱人的糖果；有的将脑袋埋在手臂之中，自言自语，甚至唱歌，玩弄自己的手脚，目的就是转移注意力。

20 分钟过后，萨勒回到房间，兑现了他对孩子们的诺言。凡是坚持

下来的孩子，再次得到了 2 块糖。而没有坚持下来的孩子，则不能再得到糖果。实验并未就此结束，经过了 12 年的追踪，这些孩子已经 16 岁了。调查发现，当初凡是熬过了 20 分钟的孩子，都有较强在自控力，他们能够自我肯定，对自己充满信心，敢于接受挑战，处理问题的能力也比较强；而没有坚持 20 分钟就吃掉了糖果的孩子，则表现得犹豫不定、多疑、神经质，承受不住挫折的考验，自尊心容易受到伤害，等等。

这就是著名的糖果实验，也叫糖果效应。糖果效应检验的是孩子抵抗糖果诱惑的能力，从根本上考验的是孩子的意志力、自控力和对欲望的控制。事实上，从这个试验中我们也能看到成人对诱惑的态度。当然，这不仅仅是抵抗几块糖果的诱惑那么简单，而是生活中种种巨大的诱惑。

人这一生，会面临许多诱惑，这个诱惑可能是一份工作，可能是一位异性，也可能是金钱，还可能是美食、烟酒，以及种种不良的习惯和错误的思维。面对这些诱惑时，你是选择忍耐与自控，还是选择放纵自己的欲望呢，这取决于你是否有自控力，是否有战胜诱惑的积极态度。

》暂停一下

有烟瘾的人往往有这样的体会：当烟瘾发作时，会非常想吸烟，这个时候如果你很自然地摸出香烟，点上火，你的确可以享受吸烟的快感。然而，你不能这样做，因为它对你的健康不利。那么，怎样才能控制烟瘾，不让自己就范呢？其实，你只需要在烟瘾发作的时候，让自己的思维暂停下来。暂停意味着你不再沉醉于对香烟的迷恋中，不再幻想吸烟的感觉。

暂停之后，尽量地拖延时间，这就是延迟满足。当你延迟到自己无法控制烟瘾的时候，你可以抽一根烟。以后每一次烟瘾发作时，都用该延迟满足法。这样一天下来，你吸烟的频率就下降了很多，吸烟量也减少了很多。如此坚持下去，就会慢慢减轻对香烟的依赖。到最后，你肯定可以戒

掉香烟。在这个过程中，你的自控力会得到很好的训练。

暂停一下，其实是为了防止你内心的冲动把你带到错误的道路上。这个方法很有效果，你可以将延迟满足法用到抵抗其他诱惑上去，比如，你想减肥，面对美食的诱惑时，你也可以让自己暂停一下，就会发现内心的那股冲动在你暂停的时间内，很快就烟消云散了。

≫ 隔绝诱惑源

对于自控力差的人来说，除了在面对诱惑的时候采用延迟满足法训练自控力，还可以通过隔绝诱惑源的办法，让自己尽量少受到诱惑，少受到刺激。

比如，对于吸烟的人来说，可以将家里和办公室的香烟彻底清除；对于爱吃垃圾食品的人来说，可以将客厅茶几上的任何垃圾食品清除；对于爱刷微博的人来说，可以在不工作的时候拔掉网线，甚至走出室外，参与到运动中去；对于购物狂来说，上街的时候，不要带卡，只带少许零钱。这些都是隔绝诱惑源的办法。

隔绝诱惑源的根本目的是减少诱惑源对人的神经的刺激，避免人在受到刺激后，产生对诱惑源的联想，继而勾起对诱惑的迷恋。在诱惑源发挥作用之前，你就可以将其隔离，不给其发挥作用的机会。在诱惑源发挥作用之后，你也可以立即将其清除。比如，烟瘾发作后，立即将香烟扔掉，或让家人把香烟藏起来。但只是这样隔离，显然还不是最有效的。我们应该在隔离诱惑源的同时，想办法转移注意力。比如，烟瘾发作之后，你可以选择去运动，或嚼口香糖来替代烟瘾。

精力聚集法：聚集精力，一鼓作气地完成

好不容易盼到了周末，你有很多想做的事情：有一本好书要读，想去踢一场球，还想带孩子去游乐场，还有一篇文章没有写完。面对这些事情，你该怎么办呢？

你完全不必因为事情多而烦恼，恰恰相反，这是你训练自控力的最佳良机。你要做的就是，把事情按照轻重缓急排列一个顺序，然后逐一地去做，每次只做一件事情，但要集中注意力，完成之后再去做下一件事情。在这个过程中，你的自控力将会得到很好的训练。

≫ 非洲豹猎术

曾经看过动物世界，非洲豹的捕猎过程给我留下了深刻的印象：

这是非洲的马拉河，河谷两岸青草繁茂，草丛中一群羚羊正在觅食。一只非洲豹藏匿在远处的草丛中，只见它竖起耳朵，静静地听着四周的动静。当它发现羚羊群之后，马上轻手轻脚，慢慢地接近羚羊群。随着非洲豹距离羚羊群越来越近，羚羊群也有所察觉，开始四处逃散。这时非洲豹像闪电“博尔特”一样，瞬间冲向羚羊群。它的双眼紧盯着一只未成年的羚羊，一直追着不放。

羚羊跑得飞快，非洲豹跑得更快。在追逐与逃窜的过程中，非洲豹超过了很多旁观的羚羊，因为它没有更换目标，没有改追更近的羚羊。它一

个劲儿地追逐那头未成年的羚羊，直到抓到为止。抓到之后，非洲豹一口咬住羚羊的脖子，羚羊很快就断气了。

动物世界的弱肉强食能给人类很多启发，从非洲豹猎食的过程可以发现：追逐一个目标不放弃，才是最有效的猎食手段。如果非洲豹在追击的过程中，不断地更换目标，就相当于形单影只的它在抗衡多只羚羊，这样它的体力将会消耗殆尽，最后很可能一只羚羊都抓不到。

对于那些做事时管不住自己，喜欢浅尝辄止、见异思迁、更换目标的人，非洲豹的猎术不失为一种很好的借鉴。高效能人士做事很讲究目标，能够用自控力管好自己的行为，每次做事都朝着一个目标去努力，做完一件事再做下一件，这就是他们高效的秘诀。

≫ 给自己设限

人天生就不喜欢束缚自己，“我不想做这个，我要自由！”“我想怎么做，就怎么做，不要你管！”这是很多渴望自由的人喊出来的口号。但事实是，当你拥有无限的自由时，就意味着你要做出无限的选择，意味着同一时间你会面对很多事情的干扰，你会不断地分心，最后会一事无成。

曾有一位网友咨询我，说她做事时总是无法集中注意力，每当做了几分钟，她的脑海里就会冒出其他想做的事。如此反复，令她十分沮丧。她知道这样不好，但就是没有办法控制自己的思维和注意力。

我给她的建议是：“你只需要给自己一些限制：一次只做一件事，现在就做一件事。也可以规定：在接下来的两个小时内，我只做一件事，只想一件事，其他的事情与我无关，不在我的计划之内，然后不断地强迫自己做这件事。”

具体怎样确保在这两个小时内，你能做好一件事呢？举个例子，以销

售工作为例，在这两个小时内，你只需不断地给客户打电话，不要害怕被拒绝，不要因拒绝而分神，一个接一个地打。两小时到了之后，你可以放下电话，短暂地休息一下，然后用同样的办法去做下一件事。

如果最开始你管不住自己，不妨让同事或朋友监督你。你可以对他们说："一旦你发现我分心了，做别的事情了，就要马上提醒我，周末我请你吃大餐。"我相信多一种来自外界的约束，对你训练自控力是有帮助的。为了训练自控力，请身边的人吃一顿甚至几顿大餐又有什么大不了的呢？

≫ 全力以赴去做

自控力的训练并不是什么玄妙的武林秘诀，它体现在日常生活中的细小事件上。我们既要聚精会神，一次做好一件事，也应该全力以赴，坚持做我们认为值得的事情，也许这件事值得你做几年，做几十年，甚至是一辈子。这是自控力训练的最高境界，达到的效果更是无比的惊人。

小时候，父亲希望拉马科长大了当个牧师，就把他送到神学院读书。后来德法战争爆发，他当了兵。之后因病退伍回来后，想当个金融家，于是在银行找了一份工作。不久之后，拉马科发现自己对音乐十分感兴趣，整天沉迷于拉小提琴。哥哥觉得他这样下去不行，就劝他当医生。拉马科学医 4 年，发现对医学没多大的兴趣。这时的他很迷茫，不知道自己究竟擅长什么，能做什么。

一天，24 岁的拉马科在植物园散步时，与著名的思想家、文学家卢梭偶遇，卢梭立刻就对拉马科产生了兴趣，于是经常带他到自己的研究室去。在那里，这位迷茫的青年被科学深深迷住了。从此，他花了整整 11 年的时间，系统地研究植物学，写出了名著《法国植物志》。之后，他当

上了法国植物标本馆的管理员。与此同时，他继续研究植物学，前后研究植物学长达 26 年。

50 岁时，拉马科开始研究动物学，他用了 35 年研究动物学，直到他 85 岁去世。他因此成为法国著名的生物学家。

拉马科的成功告诉我们：人一旦确定了目标，就要集中精力，全力以赴，沿着既定目标，义无反顾地前进。这一点在发明大王爱迪生身上，也有典型的体现：

曾有一位记者采访爱迪生时问道："成功的第一要素是什么？"

爱迪生说："成功的秘诀就是，将你的身体与心智的能量锲而不舍地运用在同一个问题上，而且不会厌倦……你整天都在做事，不是吗？每个人都是。假如你早上 7 点起床，晚上 11 点睡觉，你做事就做了整整 16 个小时。对大多数人而言，他们肯定是一直在做一些事，唯一不同的是，他们做了很多很多事，而我只做一件事。假如你们将这些时间用在一个方向、一个目标上，那么就会成功。"

在迈向人生目标的途中，不要让自己的注意力转移到别的事情、别的需要或别的想法上，有所得必有所失，有所失才能有所得。换言之，我们不能因为从事分外的工作而分散了我们的注意力。

行为惯性法：做着做着就会习惯

只有通过实践与锻炼，才能真正获得自控力，也只有依靠惯性和反复的自我控制训练，我们的神经才有可能得到完全的控制。从反复努力和训练意志力的角度而言，自控力的培养很大程度上就是一种习惯的形成。

在陈佩斯和朱时茂表演的小品《警察与小偷》中，讲述了一个穿上警服冒充警察的小偷（陈佩斯），在遇到真警察（朱时茂）之后，陈佩斯在与朱时茂的对话中，显得底气不足，战战兢兢。随着朱时茂对陈佩斯的一次又一次的教导、训练和鼓励，最后陈佩斯真的把自己当成了警察，他搀扶盲人过马路，主动问路人是否需要帮助，最后甚至把自己的同伙（小偷）给抓了，因为这时的他真的以为自己是警察了。

这个故事告诉我们，当你不断地做一件正确的事情时，你的心智就会受到潜移默化的影响。假如你经常做一些需要自控力才能完成的事情，久而久之，你的自控力自然就会提高，你还会养成某种行为习惯，良好的习惯就是这样养成的，优秀品质就是这样培养的，良好的思维模式也是这样形成的。

≫ 13 种美德

每个人都希望拥有健康的习惯，拥有优秀的品质。当我们不具备优秀的习惯和品质时，我们就要有针对性地改掉坏习惯和不良的品质，这个改

正的过程，就是习得好习惯和好品质的过程。怎样改正不好的习惯和不良的品质呢？我们可以采用富兰克林的方法。

富兰克林在自传中说，他要习得13种美德，但不可以立刻全面地去尝试，而是在一个时期内，比如一个星期或一个月内，集中精力习得其中的一种美德。当他拥有了一种美德之后，他会将精力放到下一个美德的习得上，这样下去直到拥有了13种美德为止。这13种美德如下：

（1）节制。食不过饱；饮酒不醉。

（2）寡言。言必于人于已有益；避免无益的聊天。

（3）生活秩序。每样东西应有一定的安放地方；每件日常事务应有一定的时间去做。

（4）决心。当做必做，决心要做的事应坚持不懈。

（5）俭朴。用钱必须于人或于已有益，换言之，切戒浪费。

（6）勤勉。不浪费时间；每时每刻做有用的事，戒掉一切不必要的行动。

（7）诚恳。不欺骗人；思想要纯洁公正，说话也要如此。

（8）公正。不做损人利己的事，不要忘记履行对人有益又是你应尽的义务。

（9）适度。避免极端，人若给你应得的处罚，你当容忍之。

（10）清洁。身体、衣服和住所力求清洁。

（11）镇静。勿因小事或普通且不可避免的事而惊慌失措。

（12）贞节。除了为了健康或生育后代起见，不常举行房事，切戒房事过度，伤害身体或损害自己或他人的安宁或名誉。

（13）谦虚。仿效耶稣和苏格拉底。

每一天，富兰克林都会检查自己的进步情况，为此他准备了一个小册子，在册子里把每一种美德分配到每一页，每一页用红墨水划出7列，即一周的7天；然后，他把每一页划出13行，也就是13种美德。每天检查，如果发

现自己哪个美德没做好，就在对应的空格里画一个黑点，如图 9–1 所示。

	周一	周二	周三	周四	周五	周六	周日
节制							
寡言							
生活秩序							
决心	·						
俭朴				·			
勤勉		·					
诚恳							
公正							
适度					·		
清洁							
镇静							
贞节							
谦虚							

图 9–1　富兰克林的美德分配表

这种表格的记录方法最突出的优点就是简单易操作，画黑点的方法比每天做总结容易很多，也容易长久地坚持。而且表格直观，一目了然，一周结束时，只需要数一下黑点的数量，就知道自己在哪方面做得不到位。从这 13 种美德中，我们发现 1、2、3、7、8、10、11、12、13 都是自控力方面的美德，可见，富兰克林很重视自控力的训练。

≫ 循序渐进

任何一个好习惯的养成，都需要一个循序渐进坚持的过程。任何一个

坏习惯的纠正，也需要一个循序渐进的过程。当你还不能一下子养成某个好习惯时，你要做的就是坚持去做；当你还不能一下子戒掉一个坏习惯时，你要做的就是慢慢减少坏习惯的出现频率。比如，以前每天抽一包烟，现在每天抽半包烟。半个月后，每天抽 5 根烟。如此下去，慢慢减少吸烟量，直到有一天你不再依赖香烟为止。

再比如，你一直习惯于早上睡懒觉，从来不喜欢锻炼身体，你认为那是没必要的，或者你觉得锻炼身体太累了。但有一天，你发现自己的身体状况很糟糕，意志力脆弱，自控力低下，那么你完全可以制定一个锻炼计划。最开始，你可以每天慢跑 1 公里，不论严寒酷暑，都要坚持下去。在坚持了一段时间后，你可以增加跑动距离，从 1 公里增加到 2 公里，再坚持下去。一段时间后，你可以将跑动距离从 2 公里增加到 3 公里。就这样，你跑动的距离越来越长。

在这个计划执行期间（尤其是冬天），你每天早上都要与自己做斗争，要想办法说服自己从温暖的被窝起来，走到寒冷的室外，让自己跑动起来。尽管一开始跑步会让你腰酸背痛，是名副其实的苦差事，但如果你坚持半年甚至一年，那么你的身体将会得到锻炼，你的自控力也会得到磨炼。

只要你坚持跑步，随着身体状况的好转，跑步会变得越来越轻松，你会觉得这份苦差事不再难么恐怖。尽管早起仍然有些困难，有些费劲，但你会轻松地克服，一切都会变得越来越容易，越来越自然，到最后，你会形成一个早起跑步的习惯，跑步会成为你日常生活中的一部分，你根本不用强迫自己。这样通过每天跑步的“磨炼”，你的自控能力、决心、意志、自信都能得到锻炼和提高。

美国著名作家马克·吐温曾说过一句话，用来解释自己是如何做到自我克制的，这句话是：“关键在于每天去做一点自己心里并不愿意做的事情，这样，你便不会为那些真正需要你完成的义务而感到痛苦，这就是养

成自觉习惯的黄金定律。”

≫ 志同道合的群体

自控力具有强烈的传染性，当你和一群不知疲倦的马拉松选手跑步时，他们会激发你的潜能，跟着他们一起跑，你一定不好意思早早地缴械投降。关于自控力的传染性，芝加哥警察局曾做过一个调查：一半的受访者，在第一次嫖娼时，都是结伴而行的。与吸烟、喝酒等其他社会流行病一样，你的社交网络里的观点和行为，就像传染病一样传播开来。所以，要想养成一个好习惯，最好的方式就是找到一个具备这种习惯的群体，并加入到这个群体中去。

我有一位朋友，想养成健身的习惯，最开始，他采取的办法就是自己每天早上起来跑步。可是，他管不住自己，留恋温暖的被窝。而在跑步的时候，他总感觉一个人挺不好意思的，也挺没劲的。因此，他没能坚持跑步。

后来，我建议他加入跑步的群体，比如，加入附近跑步健身的QQ群，进去和大家交朋友，每天和大家一起跑步。他接受了我的建议，很快就加入了当地的一个跑步群，并快速与大家打成一片。从那以后，他对跑步充满了兴趣，因为每天很早的时候，就有网友打电话来催促他起床，跑步的过程中，他和大家有说有笑，这让他很享受跑步的感觉。

近朱者赤，近墨者黑，你想成为什么样的人，就和什么样的人在一起。因为环境十分重要，当你加入到一个具有良好习惯的团队时，你的惰性、你的不良习惯将会被这种团队氛围遏制，而随着你良好行为习惯的不断重复，你的坏习惯很自然地就被取代了。

结果比较法：选择有利的结局

当我们需要用自控力面对诱惑时，可以仿照那些成功人士的思维方式，让自己静下心来，花些时间分析一下：如果我能够抵制住诱惑，坚持到最后，我能获得什么结果？如果我放任自己的心，被诱惑牵着鼻子走，无法坚持到最后，我又会得到什么结果？你可以拿出一张纸，甚至在上面画出一个表格，在里面填上自控与放纵分别会产生的后果，如图 9–2 所示。

抵得住诱惑	现在的小苦	将来的大乐
抵不住诱惑	现在的小乐	将来的大苦

图 9–2　抵抗诱惑的苦与乐

苦与乐的权衡

抵抗诱惑的过程，是一个痛苦的过程。例如，为了取得好成绩，必须勤奋地学习，为此不得不错过一些好看的电视节目，放弃好玩的游戏；为了学习一门技能，不得不认真地看书，不得不放弃自己喜欢的活动；为了

锻炼身体，不得不每天坚持跑步，把睡懒觉的时间用来锻炼身体……

然而，这些痛苦只是“小苦”。现在你忍受这些小苦，将来很可能会获得“大乐”。比如，你会有理想的工作，丰厚的收入，住豪华的别墅，开着豪车旅游，陪着父母享受幸福，与自己喜欢的人过着富裕的生活，拥有健康的身体和健美的身材，有能力保护自己的亲人不受伤害，快乐地度过自己的后半生。

放弃抵抗诱惑，是一个舒适的过程，诱惑之所以让人欲罢不能，就是因为它像催眠剂一样，能带给人舒适的感觉。例如，忍不住电视节目和游戏的诱惑，不顾一切地玩，而不是克己自律地学习；留恋温暖的被窝，不愿意起床跑步健身……

现在你贪恋这些“小乐”，将来你往往要承受“大苦”。比如，你可能找不到理想的工作，收入低微，没有钱买房子，不得不租房子；当你经过高级酒店时，你感到自卑，因为你没有钱进去享受；逢年过节的时候，你没有钱给父母买礼物，无法孝顺父母；生活举步维艰，你不得不省吃俭用；整天都在为养家糊口忙碌和担忧……

在我们身边，每个失败者都会后悔曾经没有吃那些“小苦”，而贪恋那些“小乐”，因为他们通过比较发现自己当初太傻了。为了“小乐”而放弃“大乐”，为了避开“小苦”而承受“大苦”。你不妨权衡一下抵抗诱惑的苦与乐，以及放弃抵抗诱惑的苦与乐，你还可以把相应的苦与乐填入图 9–2 所示的表格里，然后贴在床头，贴在任何你看得见的地方，那样就一目了然，更能带给你触动。久而久之，你就会像成功人士一样，能够在面对诱惑时冷静地思考，理智地决策，有效地控制自己的行为。

≫ 好处 VS 坏处

我有一位朋友，抽了近 20 年的烟，只因树立了一个观念就成功戒烟了。

那是2012年的夏天，我和这位朋友相聚，吃饭的时候，我见他频频抽烟，便担忧地问他："你怎么这么大的烟瘾？"朋友无奈地说："没办法啊，戒了很多次，就是戒不掉。"

"看样子，你很想戒掉，是吗？"

"是的，我很想戒掉，并且想每天锻炼半个小时，把自己的身体调整到最佳状态。"朋友说。

我问他："抽烟的好处是什么？坏处是什么？如果你不抽烟，有什么好处？如果你一直抽烟，有什么坏处？如果你10年20年地抽烟，将来会有什么后果？"

朋友被我这么一问，有点不知所措了。

我当场说："这些问题的答案很简单，你肯定也知道，我只想说两点：第一，你的健康不代表你一个人，因为你是公司的董事长，一旦你身体跨了，你的公司可能也会垮掉，全公司那么多人，你是大家的希望。"

"我的身体不是我自己的，如果我生病了，公司可能没有人管，企业发展就会受到严重的影响，我的健康状况影响着企业的前途。"听我那么一说，朋友的责任感一下子就竖立起来了。

"第二，你的痛苦是关于你个人的，为了照顾事业，你到现在，快40岁了还没敢要孩子，你想要孩子吗？肯定想对不对？"我问道。

朋友点点头，说："肯定想啊，因为我一直忙于公司的事务，没有时间考虑要孩子这件事。"

"你考虑没考虑那是其次，我想提醒你的是，有太多抽烟的人的孩子一出生就患有先天疾病，你知道吗？这其中包括很多名人，如果你打算明年要孩子，那么从现在开始把烟戒掉，除非你想生个有先天疾病的孩子。"这话太重了，使得他不得不当即下定决心：我发誓，我再也不抽烟了。

我还要求他当着全公司的人承诺：如果我再抽烟，谁看见了，公司给

他当月发双薪。就这么一句对全公司人员的承诺，朋友的烟瘾一下子就戒掉了（这就是公众承诺的神奇效果，前文已经讲过）。

当你抵不住诱惑，马上就要向诱惑妥协时，你不妨大胆地想象一下，接受诱惑，放纵自己可能导致的最严重的后果。只要这种后果存在一定的可能性，你就可以想象出来，并且可以适当地加以夸大，这样的后果会让你震惊，让你颤抖，让你害怕，于是，你不得不克制自己。

≫ 全局思维

在诱惑面前无法自控的人，在计划面前无法坚持的人，都具备一个共同的弱点，那就是缺乏全局思维。他们只愿意看当下，而不愿意看长远；只愿意看局部，不愿意看全局。而且为了让自己能够心安理得地被诱惑，他们还会给自己找一些借口，比如，心情不好，所以不想学习；工作有点累了，所以想睡懒觉；这场足球赛四年等一回，不看就没了，等等。

仔细分析，你会发现：这些借口大部分都是在强调即时性，强调当下的感受“现在没有心情学习”“足球赛只有一次”“有点累了，想睡懒觉”等，实际上，这是过分夸大了这些看似紧急，但是毫无意义的事情。

在你想为自己找借口的时候，严肃地问自己：“这是不是借口？”然后，从全局的角度来考虑：我是不是想追求远大的目标和长久的快乐？我的人生目标难道不如这些当下的诱惑重要吗？这些东西对我实现目标有什么实质性的帮助吗？在进行这番自问之后，相信你就知道该怎么做了。

严格问责法：定好自我惩罚措施

在任何自控力的训练活动中，我们都是朝着一个目标去努力，做好某件事情，克制某种不好的欲望，实现某个承诺等等，这些都是一个个目标。为了督促自己实现一个个目标，兑现一个个自我承诺，我们务必设定好自我惩罚机制，也就是：如果我们没有做到应该做的，将会受到相应的惩罚。

讲到这里，不得不提到前面的公众承诺，它其实像自我承诺一样，也是一个自控目标。如果在公众承诺中，没有任何关于惩罚自己的条款，试问，这样的公众承诺有多大的意义呢？大不了到时候厚着脸皮，被大家说一说，除此之外，什么也损失不了。

在这种情况下，人在诱惑面前，就会自找退路，自控力就会下降。所以，无论是公众承诺，还是自我承诺或设定的目标，一定要记得附带惩罚机制，而且言出必行。这样才能让你没有退路，才能让你的意志力强大起来。

≫ 承诺中的惩罚机制

美国总统肯尼迪上学期间，曾经是一位十分出色的橄榄球球员。他仅用两年的时间，就从一个从未打过橄榄球的毛头小子，成长为学校橄榄球球队的队长。他是怎么做到的呢？原来，这与公众承诺有很大关系。

小时候，肯尼迪家境优越，他想要什么，几乎都能得到。于是，他的欲望就越来越膨胀。看电视的时候，看到飞机，就大声宣布：“我要当飞

行员。”看到体育比赛，就大声宣布：“我要当最优秀的运动员。”每次家人都笑呵呵地鼓励他，好像他真的可以实现自己的愿望一样。

中学一年级的时候，有一次，肯尼迪和同学在学校观看橄榄球比赛，期间大家很兴奋，纷纷点评球员的健美体型。这令体形略胖的肯尼迪心里很不是滋味，他头脑一热，竟然脱口而出：“我只要两年时间，就可以成长为学校橄榄球球队的队长。”

同学们听后哈哈大笑，这笑声里充满了嘲讽的味道，大家都认为肯尼迪在吹牛。这对肯尼迪来说是绝对忍受不了的事情，好胜的他被彻底激怒了，他冲到控制台，抢过话筒大声宣布：“我，肯尼迪，两年内要成为橄榄球球队队长，否则，我把橄榄球吞下去。”

从那以后，肯尼迪发生了巨变，因为这件事成为了学校的热门话题，大家走到哪儿都在谈论肯尼迪，总有人在背后评说此事，老师的笑容里似乎也有不屑。这让肯尼迪明白，无论如何都要兑现这个承诺，否则，他真的要把橄榄球吞下去。于是，他每天早晚都会去操场跑步；在每堂橄榄球训练课上，他成了令人恐惧的对手，因为他把训练当成了正式比赛。就这样，他真的成为了优秀的橄榄球队员，并在两年后成为学校橄榄球球队的队长。从此，他成为每一位队员都信任的人。

肯尼迪能够实现自己的目标，与他的公众承诺是分不开的，如果没有那句承诺，他很难做到自觉地付出汗水去训练，如果没有承诺中的那句“如果做不到，我把橄榄球吞下去”，他也不会爆发出那么强大的意志力和自控力。可以说，没有承诺就没有动力。可见，公众承诺的力量的多么的惊人。

≫ 惩罚的方式

关于自我惩罚的方式，一定要选择恰当的，它包含了两个层面的含义：

第一，惩罚方式是不是健康的。例如，有人设定目标后，设定的惩罚

方式是：如果达不成目标，一个星期不吃饭，或三天不睡觉，或不回家，甚至有人选择自残的方式。比如，戒烟不成功，就用烟头在手臂上烫出一个疤痕，以警告自己。其实，上文的肯尼迪的自我惩罚方式也是不健康的。这些惩罚方式固然能够表明当事者的决心，但由于有害健康，无疑是错误的自我惩罚方式。

第二，惩罚带给人的痛苦程度。科学研究发现：人的警觉程度、记忆效果与所遭受的痛苦体验成“倒U型”关系，即过高或过低的痛苦体验，给人的记忆效果都很差，只有痛苦体验适度时才能达到最佳的记忆效果。因此，选择痛苦程度适度的惩罚方式，才能让人铭记于心、引以为戒。反过来，自我惩罚也不能太轻，否则，惩罚带来的痛苦体验和记忆程度就会如过眼云烟，转瞬即逝，不能带给人警醒。

正确的自我惩罚措施，比如，如果我在下个月的工作中，不能在上班期间专注地对待工作，那么，在即将到来的世界杯足球赛开始后，我绝不看球赛，并且还必须坚持每天跑3公里，坚持一个星期。这种惩罚措施就比较科学健康，因为惩罚本身是一项锻炼，有益于身体健康。

≫ 必须兑现

在设定自我惩罚措施之后，一定要坚决地执行，切不可在没有做到时，又给自己找借口。如果这样的话，那么惩罚措施就失去了意义，尤其是在公众面前承诺的自我惩罚，会因为你没有兑现而使你失信于人。

当然，有时候由于承诺的惩罚内容本身不合理，而真正要兑现的时候，发现是很难做到的。这个时候，应该采取灵活的方式来兑现。比如，姚明在新秀赛季的最初几场比赛里表现不佳，火箭队前球星巴克利在电视台当评论员时，声称只要姚明在当赛季的任何一场比赛里拿下19分以上，他将亲吻评论员搭档肯尼·史密斯的屁股。

此话一出，仅过一个星期，火箭队就在与湖人队的比赛中，姚明9投9中拿下20分。巴克利没有食言，他找来一头驴，代替自己的搭档肯尼·史密斯，在直播镜头面前亲吻了驴屁股。

巴克利勇于兑现承诺，这种作风值得我们学习。在自控力训练中，我们一定不要忘了兑现自己的惩罚措施。无论这种惩罚你是否告知公众，你也得兑现。要知道，如果你做不到自己应该做的，而又不兑现惩罚措施，一次又一次之后，你将会变得越来越放纵自己。

自我肯定法：阶段性自我肯定

自控力训练就像上台阶一样，需要一步一个脚印，是慢慢上升的过程，但这种上升和进步很难感觉出来，有时候甚至可能会出现停滞倒退现象，这可能会让你泄气。因此，在训练过程中，不断地自我肯定、自我激励、自我奖励是不可缺少的。对于自己自控力的提高，哪怕仅仅只是微小的提高，也应该适时地进行自我肯定，强化自信心。

≫ 自我肯定的意义

在自控力的训练过程中，你会遇到很多困难和挑战，就像生活中充满了挫折和失败一样，所以必须要学会面对自己每一个阶段成长的历程。当你摔倒时，不要自暴自弃；当你成功站起来，战胜挑战之后，要记得肯定自己的表现，给自己加油喝彩，给自己小小的犒劳。

科学研究发现，自我肯定对提高一个人的自控力具有重大的影响。当你坚信仍有改变的空间时，自我肯定能减少你受到威胁时产生的焦虑、压力和防御反应。美国克拉克森大学的首席研究员丽莎·莱格特曾经说过：“自我肯定能降低威胁和改善我们的表现，提高我们的自信心。”

在自控力训练上，我们急需自我肯定，当你由原来对美食没有任何抵抗力，到后来连续三次可以做到对美食视而不见时，你需要自我肯定；当你由原来贪睡不爱早起，到后来能够在脑中想起的瞬间，立刻进入起床模

式时，你需要自我肯定；当你由原来对拖延习惯无能为力，到后来能够做到立即、马上行动时，你需要自我肯定。因为你的表现足以证明，你的自控力提高了，你取得了阶段性的胜利。

≫ 拼命三郎

全先生是一家颇具规模的盒子企业的人事部总监，随着公司规模的扩大，在他领导下的公司人事管理制度、福利政策等已经趋于完善，各项考核、激励措施也很到位，既维护了公司的利益，又深得员工好感。但这些工作成就，都是他忙出来的。他对我说："我今天的地位不是因为我聪明，而是因为我费心费力干出来的。"

工作期间，全先生一边工作，一边读MBA，还进修了英语。在这三年里，用他的话说：过的是"别人休息我加班""牺牲自己成全别人"的日子。婚假没有休，年假没有休，一旦公司有紧急事情，无论他在哪里，都会在最短的时间内赶回去。由于外地的分公司成立了，他经常要出差指导；每天工作 10 个小时以上，时间依然不够用……

由于过度地忙碌和劳累，全先生刚才 30 来岁，就已经开始脱发，经常提笔忘事，入眠困难，他咨询我的时候，面色十分憔悴，他说："有我这种经历的人并不只有我一个人，身边的很多同事、同行都是这么过来的，我现在很想知道的是，我是不是心理出了问题？希望你能给我一些指导和建议。"

我对全先生说："工作上积极进取是值得肯定的，这种敬业的态度值得很多人学习，但人需要自控，自控不仅仅是控制自己不去做坏事，不被诱惑，还包括在忙碌面前，要懂得掌控自己的生活节奏，不能陷入过度的忙碌和劳累之中，这种自控是自我管理的又一个境界。你目前存在的这种状态，确实倾向于现代职场中十分常见的一种职业心理病，过于拼命，过

于消耗自己，是时候控制自己、调整自己了。”

我对全先生的建议是：

（1）重新审视自己的工作，不要把目标定得太大、太长远，理性地分析现阶段的工作，并与理想挂上钩。

（2）想象工作的乐趣，也许你觉得你的工作是枯燥无味的，但当你换一种轻松的心态看待自己、看待工作时，也许你就会觉得自己很可爱，工作也变得很有趣。如此一来，单调的工作也会变成有趣味的事情。

（3）阶段性的自我肯定、自我奖励。当完成了某一阶段的工作后，不妨肯定自己的表现，对自己进行小小的奖励。可以是让自己放松一天，也可以是让自己去享受一顿大餐，或者是让自己美美地睡上一觉，以此来犒劳自己。在适当的休息之后，再开始新的工作，这样你就可以放慢工作节奏，人也不会那么累。

≫ 奖励自己

从广义上来讲，奖励自己也属于自我肯定，但它已经超出了自我肯定的范畴，或者说它是自我肯定的更高层次的表现。奖励针对的不只是长期目标，还应该针对分解后的目标。每当你完成一个目标后，就给自己适当的奖励，以肯定自己的表现。奖励品可以是你喜欢的任何东西，包括甜点、跑鞋、书籍、服装、一顿大餐等等，或其他需要而控制着的愿望，比如，睡一个懒觉、看一部电影等。

值得一提的是，奖励还应该遵循“适当”的原则，不要因为完成了 1 公里的慢跑，就奖励自己 14 日欧洲游；或者你正在减肥，而且取得了阶段性的胜利，这时最好不要用一顿美食作为对自己阶段性的肯定和奖励，因为这样可能会让你之前的努力和克制付之东流。

其次，奖励要及时兑现，切记空头支票。相比于前面讲到的惩罚要坚

决兑现，奖励的兑现率肯定会高很多，所以尽量不要延期兑现，因为延期兑现会降低自我肯定的效果。

第三，不要提前预支奖励。即使确信一定能如期达成目标，也不要预支奖励，否则，在还未成功之前就提前庆祝，会让你过于自大。有句话说得好："只有装进口袋的钱才是你自己的。"同样，只有当你完成了目标，这个目标才算是达成了。